XINNENGYUAN KEXUE YU GONGCHENG ZHUANYE XUESHENG
JINGSAI ZHIDAO YU SHIJIAN

新能源科学与工程专业学生竞赛指导与实践

主　编　夏金威　张惠国

副主编　钱　斌　顾　涵

　　　　徐　健　陈　雷

苏州大学出版社
Soochow University Press

图书在版编目（CIP）数据

新能源科学与工程专业学生竞赛指导与实践/夏金威，张惠国主编. —苏州：苏州大学出版社，2022.6
ISBN 978-7-5672-3931-9

Ⅰ．①新… Ⅱ．①夏… ②张… Ⅲ．①新能源－高等学校－教学参考资料 Ⅳ．①TK01

中国版本图书馆 CIP 数据核字（2022）第 089645 号

新能源科学与工程专业学生竞赛指导与实践
夏金威　张惠国　主编
责任编辑　吴昌兴

苏州大学出版社出版发行
（地址：苏州市十梓街 1 号　邮编：215006）
广东虎彩云印刷有限公司印装
（地址：东莞市虎门镇黄村社区厚虎路 20 号 C 幢一楼　邮编：523898）

开本 718 mm×1 000 mm　1/16　印张 10.5　字数 167 千
2022 年 6 月第 1 版　2022 年 6 月第 1 次印刷
ISBN 978-7-5672-3931-9　定价：36.00 元

若有印装错误，本社负责调换
苏州大学出版社营销部　电话：0512-67481020
苏州大学出版社网址　http://www.sudapress.com
苏州大学出版社邮箱　sdcbs@suda.edu.cn

前　言

PREFACE

《新能源科学与工程专业学生竞赛指导与实践》是建立在学生已学电路基础、模拟电子技术和数字电子技术课程的基础上，综合运用这些课程的理论知识，进行设计编写的。通过一些主题设计，学生可以进一步提高功能电路或参赛作品设计的能力。

本书分为电子技术基础、常用辅助软件技术与仿真、典型学科竞赛指导三个部分内容。

本书的主要特色如下：

① 因材施教，实用性强。

本书具有较强的实用性，在内容选取上充分考虑到学生的实际水平和教师的教学需要。书中既介绍了基本电子技术基础与辅助软件的使用方法，又介绍了学科竞赛参赛事项，对学生具有较强的指导作用，有利于竞赛指导教师根据各自不同的赛项要求安排教学内容，实现因材施教。

② 软硬结合，注重能力培养。

Proteus 和 Multisim 仿真软件在模拟电子技术教学中的应用不受实验设备、场地的限制，可以让学生学会使用仿真软件的同时，加深对电路原理、信号传输、元器件参数对电路性能影响的理解，还可以使学生较快地明确目标，节省时间。在利用软件对电路进行辅助设计时，通过实验操作和硬件安装、调试，学生能够进一步积累实践经验，提高实验能力，明晰工程应用的特点。

③ 结构灵活，系统性强。

全书各章的编排既相互独立，又相互联系，有利于学科竞赛队伍的日常教学组织和学生工程实践能力的训练。本书还具有较强的系统性，实践内容由浅入深，使学生循序渐进地掌握学科竞赛参赛、备赛的全过程。本书选取了新能源科学与工程专业学生参加的 6 个典型赛事。

① 中国"互联网＋"大学生创新创业大赛。

此项赛事主要培养新能源科学与工程专业学生从创新作品制作到开展创业活动的能力，使学生了解并体验创新创业全过程。

② 全国大学生节能减排社会实践与科技竞赛。

此项赛事主要培养新能源科学与工程专业学生在节能减排技术方面的新概念、新模型的方案设计能力。

③ 中国可再生能源学会大学生优秀科技作品竞赛。

此项赛事主要培养新能源科学与工程专业学生在可再生能源装置（基于光伏技术）方面的新概念、新模型的方案设计能力。

④ 全国大学生智能汽车竞赛。

此项赛事主要培养新能源科学与工程专业学生在新能源汽车技术方面（电机驱动电路）驱动电路及驱动算法的设计能力。

⑤ 全国软件和信息技术专业人才大赛。

此项赛事主要培养新能源科学与工程专业学生在新能源汽车技术方面单片机输出 PWM 波驱动电机的不同算法的设计能力。

⑥ 全国大学生嵌入式人工智能设计大赛。

此项赛事主要培养新能源科学与工程专业学生在新能源汽车技术方面 ARM 处理器输出 PWM 波驱动电机的不同算法的设计能力。

本书由夏金威、张惠国、钱斌、顾涵、徐健、陈雷共同编写，夏金威、张惠国共同负责全书的统稿。

由于编者水平所限，加之时间仓促，同时电子信息学科的发展极为迅猛，知识更新很快，书中难免存在疏漏和不妥之处，敬请广大读者和专家批评指正。

编者

2022 年 1 月

目 录 Contents

第 1 章
电子技术基础

1.1 常规元器件

课程设计中用到的常规元器件包括电阻、电容、电位器、二极管、三极管等，其实物图和电气符号如图1.1.1所示。在实际应用中，不管哪类常规元器件，都需要了解其基本的规格和使用规范，掌握基础的应用方法。

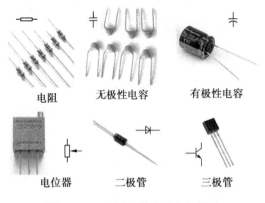

电阻　　　无极性电容　　　有极性电容

电位器　　　二极管　　　三极管

图 1.1.1　常用元器件及电气符号

1.1.1　电阻器和电位器

1. 电阻器概述

电阻器（Resistance）简称电阻，通常用"R"表示，是描述导体导电性能的物理量。当导体两端的电压一定时，电阻愈大，通过的电流就愈小；电阻愈小，通过的电流就愈大。因此，电阻的大小可以用来衡量导体对电流阻碍作用的强弱，即导电性能的好坏。电阻值与导体的材料、形状、体积及周围环境等因素有关。

电阻基本单位是欧姆，简称欧，符号为 Ω，其他单位有 $k\Omega$（千欧）、$M\Omega$（兆欧）、$G\Omega$（吉欧）等，且有如下换算关系：$1\,000\,\Omega = 1\,k\Omega$，$1\,000\,k\Omega = 1\,M\Omega$，$1\,000\,M\Omega = 1\,G\Omega$。

电阻器的电气性能指标通常有标称阻值、误差与额定功率等，应根据不同的电路环境，选用不同的电阻参数。

小知识：电阻器的种类

电阻器可以由不同的材料制作完成，不同材料表现出的功率、耐压性、精度、温度系数等都不尽相同。常见的电阻器有碳膜电阻、金属膜电阻、金属氧化膜电阻、金属玻璃釉膜电阻、线绕电阻、敏感电阻，此外还有排组电阻、可调电阻等其他电阻形式。电阻材料及符号见表 1.1.1。

表 1.1.1　电阻材料及符号

符号	T	J	X	H	Y	C	S	I	N
材料	碳膜	金属膜	线绕	合成膜	金属氧化膜	沉积膜	有机实芯	金属玻璃釉膜	无机实芯

（1）碳膜电阻（图 1.1.2）

碳膜电阻是使用最早、最普遍的电阻器，温度系数为负值，噪声大、精度等级低，但价格低廉，广泛应用于要求不高的电路场合中。

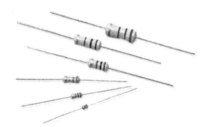

图 1.1.2　碳膜电阻

（2）金属膜电阻（图 1.1.3）

这种电阻和碳膜电阻相比，体积小、噪声低、稳定性好、精度高，但价格比碳膜电阻稍贵，常用于要求较高的电路，适合高频应用。

图 1.1.3　金属膜电阻

（3）金属氧化膜电阻（图1.1.4）

这种电阻外形与金属膜电阻相似，阻值范围较窄，在 $1\,\Omega \sim 200\,k\Omega$ 有极好的高频脉冲过负载特性，机械性能好，化学性能稳定，但温度系数比金属膜电阻差。

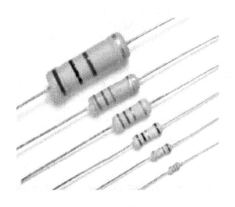

图 1.1.4　金属氧化膜电阻

（4）金属玻璃釉电阻

这种电阻是将金属粉和玻璃釉粉混合，采用丝网印刷法印在基板上的，具有耐潮湿、耐高温、温度系数小的特性，主要应用于厚膜电路。贴片电阻（图1.1.5）是金属玻璃釉电阻的一种，电阻器表面覆釉，抗污染性强，耐潮湿、绝缘度高，耐化学气体侵蚀，耐高温，温度系数小，可在恶劣环境下使用。贴片电阻可大大节约电路空间成本，使设计更精细化。

图 1.1.5　金属玻璃釉电阻（贴片电阻）

（5）线绕电阻（图 1.1.6）

线绕电阻可以制成精密型和功率型电阻，常在高精度或大功率电路中使用，但分布参数较大，不适合应用在高频电路中。

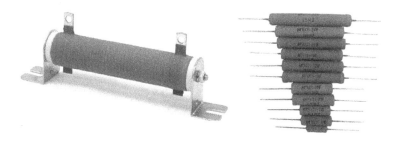

图 1.1.6　线绕电阻

水泥电阻（图 1.1.7），就是用水泥（耐火泥）灌封的电阻器。水泥电阻是线绕电阻的一种，属于功率较大的电阻，能够允许较大电流通过。水泥电阻具有外形尺寸较大、耐震、耐湿、耐热及良好散热、低价等特性。

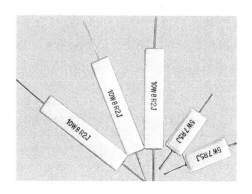

图 1.1.7　水泥电阻

（6）敏感电阻（图 1.1.8）

敏感电阻一般作为传感器使用，主要用于检测光照、温度、湿度等物理量，通常有光敏、热敏、湿敏、压敏、气敏等不同类型的电阻形式。

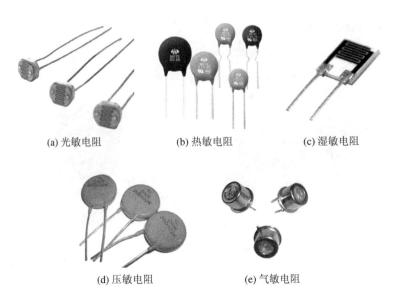

(a) 光敏电阻   (b) 热敏电阻   (c) 湿敏电阻

(d) 压敏电阻   (e) 气敏电阻

图 1.1.8　敏感电阻种类

2. 电阻器的标称阻值和误差

电阻器的标称阻值分为 E6、E12、E24、E48、E96 和 E192 六大系列，分别适用于允许偏差（误差）为 ±20%、±10%、±5%、±2%、±1% 和 ±0.5% 的电阻器。E6、E12、E24 属于普通型电阻系列，E48、E96、E192 为高精密电阻系列。本书中使用的电阻主要是 E24 或 E12 系列（表 1.1.2）。

表 1.1.2　电阻器、电位器、电容器的标称数值

标称系列	精度	电阻器、电位器、电容器的标称数值											
E24	±5%	1.0	1.1	1.2	1.3	1.5	1.6	1.8	2.0	2.2	2.4	2.7	3.0
		3.3	3.6	3.9	4.3	4.7	5.1	5.6	6.2	6.8	7.5	8.2	9.1
E12	±10%	1.0	1.2	1.5	1.8	2.2	2.7	3.3	3.9	4.7	5.6	6.8	8.2

电阻的精度也可以用不同的字母表示，如表 1.1.3 所示。

表 1.1.3　字母表示精度的含义

精度	±0.001%	±0.002%	±0.005%	±0.01%	±0.02%	±0.05%	±0.1%
符号	E	X	Y	H	U	W	B
精度	±0.2%	±0.5%	±1%	±2%	±5%	±10%	±20%
符号	C	D	F	G	J	K	M

3. 电阻器的功率

电阻器的功率规格可分为 1/16 W、1/8 W、1/4 W、1 W、2 W、5 W 等。设计电路时需要充分考虑该电阻的最大实际功率能达到多少，从而选择一个额定功率比这个最大实际功率还要大的电阻。

电阻器的功率可由体积识别，对于功率较大的电阻也采用直接标示。电阻器的额定功率在原理图中的符号如图 1.1.9 所示。

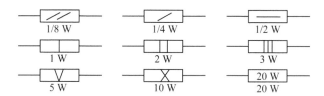

图 1.1.9　电阻器的额定功率在原理图中的符号

☞ 小知识：选择合适的电阻额定功率的方法

根据焦耳定律，电流通过电阻时会产生热量，电阻越大、电流越大、时间越长，电阻发热也就越厉害。设电阻阻值为 R，通过电阻的电流为 I，根据公式 $P = I^2 R$，如果该电阻的额定功率小于 P，那么在此工作条件下就会被烧毁（图 1.1.10），表现为电阻焦黑、发臭，严重时甚至起火、爆炸。

图 1.1.10　被烧毁的电阻

之所以出现烧毁电阻的情况，一般有以下两种可能：一是电阻选择不合理，其额定功率小于实际功率；二是电路突然出现故障，导致电阻上的电流激增而被烧毁。这两个问题都需要在实际电路设计及制作中注意。

4. 电阻器的参数标示

电阻器的标称阻值、误差与额定功率等，常以各种方法标记在电阻器上，像碳膜、金属膜、金属氧化膜等电阻，常使用色环对其阻值、误差进行标称，其他形式的电阻如贴片电阻、线绕电阻，常用文字或符号表示。电阻器的额定功率在 2 W 以下的电阻一般可由体积识别，额定功率在 2 W 以上的电阻则使用文字符号进行直接标示。

（1）色环表示法

电阻器上五颜六色的色环不是为了美观设计，而是具有特定的含义，用来表示电阻器的阻值和误差。这种电阻即为色环电阻。色环电阻主要分为四色环和五色环电阻（图 1.1.11），高精密的电阻用五色环表示，另外还有六色环电阻（比较稀少）。

图 1.1.11　四色环和五色环电阻

色环电阻用来表示阻值的颜色有黑、棕、红、橙、黄、绿、蓝、紫、灰、白，依次代表数字 0、1、2、3、4、5、6、7、8、9；另外有金色和银色，分别表示误差 ±5% 和 ±10%。金色和银色仅作为最后一环，所以可以通过判断金色和银色来确定色环的读取方向。

☞ 小知识：色环读数

四色环电阻就是指用四条色环表示阻值的电阻，从左向右数，第一道色环表示阻值的最大一位数字，第二道色环表示阻值的第二位数字，第三道色环表示阻值的倍乘数，第四道色环表示阻值允许的偏差（精度）。

例如，一个电阻的第一环为棕色（代表 1）、第二环为黑色（代表 0）、第三环为棕色（代表 10 倍）、第四环为金色（代表 ±5%），那么这个电阻的阻值应该是 100 Ω，阻值的误差范围为±5%。

　　五色环电阻就是指用五条色环表示阻值的电阻，从左向右数，第一道色环表示阻值的最大一位数字，第二道色环表示阻值的第二位数字，第三道色环表示阻值的第三位数字，第四道色环表示阻值的倍乘数，第五道色环表示误差范围。

　　例如，五色环电阻的第一环为红色（代表 2）、第二环为黑色（代表 0）、第三环为黑色（代表 0）、第四环为棕色（代表 10 倍）、第五环为棕色（代表±1%），则其阻值为 200 Ω×10＝2 000 Ω，阻值的误差范围为±1%。

　　用不同颜色表示电阻数值和偏差或其他参数时的色标符号规定如表1.1.4 所示。值得注意的是，在读取色环时，金、银色环不作第一色环，偏差色环会稍远离前面几个色环。在色环不易分辨的情况下，利用电阻标称值或者万用表对其进行识别。

表 1.1.4　色环含义

色别	第一环	第二环	第三环	第四环	第五环
	第一位数	第二位数	第三位数	倍乘数	精度
棕	1	1	1	10	±1%
红	2	2	2	100	±2%
橙	3	3	3	1 k	—
黄	4	4	4	10 k	—
绿	5	5	5	100 k	±0.5%
蓝	6	6	6	1 M	±0.25%
紫	7	7	7	10 M	±0.1%
灰	8	8	8	100 M	—
白	9	9	9	1 G	—
黑	0	0	0	1	—
金	—	—	—	0.1	±5%
银	—	—	—	0.01	±10%
无色				—	±20%

（2）文字符号表示法

对于贴片电阻、线绕电阻、大功率电阻常直接用数字、字母、符号等形式表示，也有在电阻表面用具体数字、单位符号等直接标出。

① 贴片电阻的数码表示。

贴片电阻主要有 3 位数表示法和 4 位数表示法（图 1.1.12）。

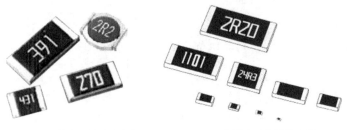

(a) 3位数表示的贴片电阻　　　　　(b) 4位数表示的贴片电阻

图 1.1.12　贴片电阻标注

a. 3 位数表示法。这种表示法前 2 位数字代表电阻值的有效数字，第 3 位数字表示在有效数字后面应添加"0"的个数。当电阻小于 10 Ω 时，在数码中用 R 表示电阻值小数点的位置，这种表示法通常用于阻值误差为 5% 的电阻系列中。比如：330 表示 33 Ω，而不是 330 Ω；221 表示 220 Ω；683 表示 68 000 Ω，即 68 kΩ；105 表示 1 MΩ；6R2 表示 6.2 Ω；5.1 kΩ 可以标为 5K1。

b. 4 位数表示法。这种表示法前 3 位数字代表电阻值的有效数字，第 4 位表示在有效数字后面应添加"0"的个数。当电阻小于 10 Ω 时，数码中仍用 R 表示电阻值小数点的位置，这种表示法通常用于阻值误差为 1% 的精密电阻系列中。比如：0100 表示 10 Ω，而不是 100 Ω；1 000 表示 100 Ω，而不是 1 000 Ω；4992 表示 49 900 Ω，即 49.9 kΩ；1473 表示 147 000 Ω，即 147 kΩ；0R56 表示 0.56 Ω。

② 文字和符号表示。

一般来说，文字和符号表示的电阻参数比较直观明了，下面以示例来说明文字和符号表示法。

水泥电阻 10W1RJ（图 1.1.13）：10W 表示额定功率，1R 表示电阻，J 表示精度±5%。

线绕电阻 RX21-12W，100RJ（图 1.1.14）：R 表示电阻，X 表示线绕，2 表示普通型，1 表示序号，12W 表示额定功率，100R 表示阻值 100 Ω，J 表示精度±5%。

图 1.1.13　水泥电阻的标示　　　　　图 1.1.14　线绕电阻的标示

5. 电位器

电位器是一种可调电阻，有两个固定端和一个滑动端，在滑动端与固定端之间的阻值可调，常见的是多圈可调玻璃釉电位器，安装形式有立式或者卧式。

在电路设计中，若需要用户在使用中参与调整电位器，如收音机中的音量调节，则可用转轴式电位器［图 1.1.15(a)］，并把这些电位器设计在面板上，方便随时调节；若只是在电路调试时对某些电路参数调整后使用，则可选择微调电位器［图 1.1.15(b)］。这些电位器大都直接焊接在电路板上，使用小号的一字或十字螺丝刀进行调节，电路调试完毕后一般不再调整。

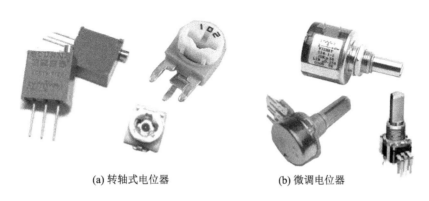

(a) 转轴式电位器　　　　　　(b) 微调电位器

图 1.1.15　常用电位器

人们日常使用的调光灯、吊扇、收音机等设备上都能找到电位器。收音机的音量调节旋钮后面就是一个电位器，用手拧动旋钮就能改变收音机的音量大小。

　　在需要改变电阻的场合使用电位器非常方便，往往可以形成分压网络，如图 1.1.16 所示。

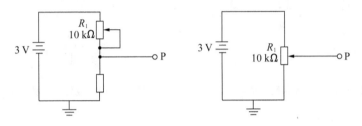

图 1.1.16　电位器的分压作用

1.1.2　电容器

1. 电容器概述

　　电容器（Capacitor，通常用"C"表示）是一种储能元件，简称电容。任何两个彼此绝缘且相隔很近的导体（包括导线）间都可以构成一个电容器，能够储藏电荷。电容是最常用的电子元件之一，广泛应用于电路中的隔直通交、耦合、旁路、滤波、调谐回路、能量转换、控制等方面。常见的电容器如图 1.1.17 所示。

　　电容的基本单位是法拉，用 F 表示，此外还有 mF（毫法）、μF（微法）、nF（纳法）、pF（皮法）。由于电容 F 的容量非常大，所以常见的电容单位是 μF、nF、pF，而不是 F。

图 1.1.17　常见的电容器

☞ 小知识：电容器的发展

1746 年，荷兰莱顿大学 P. 穆森布罗克在做电学实验时，无意中把一个带了电的钉子装进了玻璃瓶里。他以为要不了多久，铁钉上所带的电就会跑掉。过了一会，他想把钉子取出来，可当他一只手拿起桌上的瓶子，另一只手刚碰到钉子时，突然感到有一种电击式的振动。这到底是铁钉上的电没有跑掉呢，还是自己的神经太过敏感呢？于是，他又照着刚才的样子重复了好几次，每次的实验结果都和第一次一样。于是他非常高兴地得到一个结论：把带电的物体放在玻璃瓶里，电不会跑掉，这样就可把电储存起来。这个玻璃瓶也被称为"莱顿瓶"（图 1.1.18），成为了电容器的雏形。

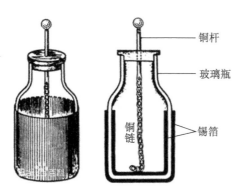

铜杆

玻璃瓶

铜链

锡箔

图 1.1.18　莱顿瓶

1874 年，德国的 M. 鲍尔发明了云母电容器。云母是一种天然的绝缘介质，介电常数大。云母很容易形成薄膜，使得电容器两端电极大大缩短。相较之前的电容器，云母电容器性能大大提高了。

1876 年，英国的 D. 菲茨杰拉德发明了纸介电容器。

1900 年，意大利的 L. 隆巴迪发明了陶瓷介质电容器。20 世纪 30 年代，人们发现在陶瓷中添加钛酸盐可使介电常数成倍增长，因而制造出比较便宜的陶瓷介质电容器。

1921 年，出现液体铝电解电容器。1938 年前后，改进为由多孔纸浸渍电糊的干式铝电解电容器。

1949 年，出现液体烧结钽电解电容器。1956 年，制成固体烧结钽电解电容器。

2. 电容器的种类

制作电容器的材料很多，常用的电容器按其介质材料可分为铝电解电容器（CD）、钽电解电容器（CA）、瓷片电容器（CC）、云母电容器（CY）、聚丙烯电容器（CBB）、聚四氟乙烯电容器（CF）、聚苯乙烯电容器（CB）、独石电容器、涤纶电容器（CL）、可变电容器等。

另外，按电极分类，电容器主要可分为金属箔电容器、金属化电容器、由电介质构成负极的电介质电容器。按封装方式与引线方式分类，电容器主要可分为贴片电容器、轴向引线电容器、同向引线电容器、双列直插电容器、插脚式电容器、螺栓电容器、穿心电容器等。常用电容器的结构和特点如表 1.1.5 所示。

表 1.1.5　常用电容器的结构和特点

电容器种类	结构和特点	实物图片
铝电解电容器	由铝圆筒做负极，里面装有液体电解质，插入一片弯曲的铝带做正极制成。还需要经过直流电压处理，使正极片上形成一层氧化膜做介质。它的特点是容量大，但是漏电大、误差大、稳定性差，常用作交流旁路和滤波，在要求不高时也用于信号耦合。电解电容器有正、负极之分，使用时不能接反	
纸介电容器	用两片金属箔做电极，夹在极薄的电容纸中，卷成圆柱形或者扁柱形芯子，然后密封在金属壳或者绝缘材料（火漆、陶瓷、玻璃釉等）壳中制成。它的特点是体积较小，容量可以做得较大。但是固有电感和损耗都比较大，用于低频电器比较合适	
金属化纸介电容器	结构和纸介电容器基本相同。它是在电容器纸上覆上一层金属膜来代替金属箔，体积小、容量较大，一般用在低频电路中	
油浸纸介电容器	把纸介电容器浸在经过特别处理的油里，能增强其耐压性。它的特点是电容量大、耐压高，但是体积较大	
玻璃釉电容器	以玻璃釉做介质，具有瓷介电容器的优点，且体积更小，耐高温	

电容器种类	结构和特点	实物图片
陶瓷电容器	以陶瓷做介质，在陶瓷基体两面喷涂银层，然后烧成银质薄膜做极板制成。它的特点是体积小、耐热性好、损耗小、绝缘电阻高，但容量小，适用于高频电路。铁电陶瓷电容器容量较大，但是损耗和温度系数较大，适用于低频电路	
薄膜电容器	结构和纸介电容器相同，介质是涤纶或者聚苯乙烯。涤纶薄膜电容介电常数较高、体积小、容量大、稳定性较好，适宜作为旁路电容。聚苯乙烯薄膜电容介质损耗小，绝缘电阻高，但是温度系数大，可用于高频电路	
云母电容器	用金属箔或者在云母片上喷涂银层做电极板，极板和云母一层一层叠合后，再压铸在胶木粉或封固在环氧树脂中制成。它的特点是介质损耗小、绝缘电阻大、温度系数小，适用于高频电路	
钽、铌电解电容器	用金属钽或者铌做正极，用稀硫酸等配液做负极，用钽或铌表面生成的氧化膜做介质制成。它的特点是体积小、容量大、性能稳定、寿命长、绝缘电阻大、温度特性好，用在要求较高的设备中	

续表

电容器种类	结构和特点	实物图片
半可变电容器	也叫作微调电容，是由两片或者两组小型金属弹片，中间夹着介质制成的。调节的时候改变两片之间的距离或面积。它的介质有空气、陶瓷、云母、薄膜等	
可变电容器	由一组定片和一组动片组成，它的容量随着动片的转动可以连续改变。把两组可变电容装在一起同轴转动，叫作双连。可变电容的介质有空气和聚苯乙烯两种。空气介质可变电容体积大、损耗小，多用在电子管收音机中。聚苯乙烯介质可变电容做成密封式的，体积小，多用在晶体管收音机中	

☞ 小知识：超级电容器

超级电容器（Supercapacitors 或 Ultracapacitor），又名电化学电容器（Electrochemical Capacitors）、双电层电容器（Electrical Double-Layer Capacitor）、黄金电容、法拉电容，是从 20 世纪七八十年代发展起来的通过极化电解质来储能的一种电化学元件。

超级电容器是建立在德国物理学家亥姆霍兹（1821—1894）提出的界面双电层理论基础上的一种全新的电容器。它不同于传统的化学电源，是一种介于传统电容器与电池之间、具有特殊性能的电源，主要依靠双电层和氧化还原假电容电荷储存电能。但在其储能的过程并不发生化学反应，这种储能过程是可逆的，因此超级电容器可以反复充放电数十万次。其基本原理和其他种类的双电层电容器一样，都是利用活性炭多孔电极和电解质组成的双电层结构获得超大的容量。

超级电容器是世界上已投入量产的双电层电容器中容量最大的一种，其突出优点是功率密度高、充放电时间短、循环寿命长、工作温度范围宽。超级电容器的相关性能参数和比较如图 1.1.19 和表 1.1.6 所示。

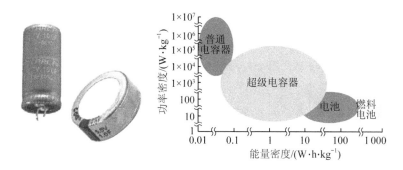

图 1.1.19　超级电容器和能量密度

表 1.1.6　超级电容器和其他储能产品的性能比较

序号	比较项目	普通电容器	超级电容器	电池
1	循环寿命	≥10^6 次	≥10^6 次	<10^4 次
2	容量	$C=\dfrac{Q}{U}=\dfrac{It}{u}$		$Q=It$
2	容量	微法和皮法级	1~5 000 F	安时级
3	功率密度	$P'=\dfrac{u\cdot I}{m}$		$P'=\dfrac{u\cdot I}{m}$
3	功率密度	10^4~10^6 W/kg	10^2~10^4 W/kg	<500 W/kg
4	能量密度	$E'=CU^2/2/3\,600/m$		$E'=\dfrac{UIt}{m}$
4	能量密度	≤0.2 W·h/kg	0.2~20 W·h/kg	20~200 W·h/kg
5	充放电时间	≤10 s	10 s~10 min	1~10 h
6	大电流特性	百安至千安	一般为 20 A 至千安	一般为 2~10 A
7	工作电压	百伏至千伏	几伏	
8	工作温度	温度范围大	—40~70 ℃	—20~60 ℃
9	环境污染	无污染	绿色能源（活性炭），不污染环境	化学反应，污染环境
10	安全性	安全		过热，甚至爆炸

与蓄电池和传统物理电容器相比，超级电容器的特点主要体现在：

① 功率密度高。可达 10^2~10^4 W/kg，远高于目前蓄电池的功率密

度水平。

② 循环寿命长。在几秒的时间内高速深度循环 10 万～50 万次后，超级电容器的特性变化很小，容量和内阻仅降低 10%～20%。

③ 工作温限宽。由于在低温状态下超级电容器中离子的吸附和脱附速度变化不大，因此其容量变化远小于蓄电池。目前商业化超级电容器的工作温度范围可达 -40～70 ℃。

④ 免维护。超级电容器充放电效率高，对过充电和过放电有一定的承受能力，可稳定地反复充放电，在使用和管理得当的情况下是不需要进行维护的。

⑤ 绿色环保。超级电容器在生产过程中不使用重金属和其他有害的化学物质，符合欧盟的 RoHS 指令（在电子电气设备中限制使用某些有害物质指令），且自身寿命较长，因而是一种新型的绿色环保电源。

3. 电容器的主要参数

（1）技术参数

① 容量及精度。容量是电容器的基本参数，数值标在电容体上，不同类别的电容有不同系列的标称值。常用的标称值系列与电阻标称值相同。应注意，某些电容的体积过小，常常在标称容量时不标单位符号，只标数值。电容器的容量精度等级较低，一般误差在 ±5% 以上。

② 额定电压。电容器两端加电压后，能保证长期工作而不被击穿的电压称为电容器的额定电压。额定电压的数值通常都在电容器上标出。

③ 损耗角。电容器介质的绝缘性能取决于材料及厚度。绝缘电阻越大，漏电流越小。漏电流的存在，将使电容器消耗一定电能，由电容损耗而引起的相移角称为电容器的损耗角。

（2）型号命名方法

根据国家标准，电容器型号命名由四部分内容组成。

第一部分为主称字母，用 C 表示；第二部分为介质材料；第三部分为特征；第四部分用数字表示序号。一般情况下只需三部分，即两个字母一个数字。

例如：CC104 表示Ⅲ级精度（+20%）0.1 μF 瓷介电容器；

CBB120.68Ⅱ表示Ⅱ级精度（＋10％）0.68 μF 聚丙烯电
容器。

一般在体积较大的电容器主体上除标上述符号外，还标有标称容
量、额定电压、精度与技术条件等。

（3）容量的标志方法

例如：4n7 表示 4.7 nF 或 4 700 pF；

　　　0.22 表示 0.22 μF；

　　　510 表示 510 pF。

没标单位的数字的读法是：当容量在 1～（10^5－1）pF 时，读为皮
法，如 510 pF。当容量大于 10^5 pF 时，读为微法，如 0.22 μF。一般可
以认为，电容器表面上的数字大于 1，表示的电容器的容量单位为 pF；
用小于 1 的数字表示时，单位为 μF。

☞ 小知识：电容器的应用——触摸感应开关

触摸感应开关按原理分类有电阻式触摸开关和电容式触摸开关，在
多种技术和科技功能上，电容式触摸感应已经成为触摸感应技术的主
流，在按钮设计方面能有效地为产品带来整体外观档次的提升。电容式
感应触摸开关可穿透绝缘材料外壳 20 mm 以上，可以准确有效地侦测
到手指的有效触摸（图 1.1.20），并能够保证产品的稳定性、灵敏度、
可靠性等不因环境改变或是长期使用而发生变化，同时其还具有防水和
强抗干扰等功能。

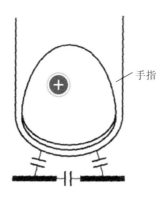

手指

图 1.1.20　电容式触摸感应

1.1.3 电感器

1. 电感器概述

电感器 (Inductor, 通常用 "L" 表示), 简称电感, 是能够把电能转化为磁能而存储起来的元件。电感器的应用范围很广泛, 具有阻交流、通直流的特点。它在调谐、振荡、耦合、匹配、滤波、陷波、延迟、补偿等电路中, 都是必不可少的。由于其用途、工作频率、功率、工作环境不同, 对电感器的基本参数和结构形式就有不同的要求, 从而导致电感器的类型和结构多样化。电感的单位是 H (亨)、mH (毫亨)、μH (微亨)。

电感器的标识方法与电阻器的标识方法类似, 通常采用文字符号直标法和色环法。

2. 电感器的种类

电感器的种类很多, 分类标准也不一样。通常按电感量变化情况分为固定电感器、可变电感器、微调电感器等; 按电感器线圈内介质不同分为空芯电感器、铁芯电感器、磁芯电感器、铜芯电感器等; 按绕制特点分为单层电感器、多层电感器、蜂房电感器等。

常用的电感有卧式、立式两种, 通常是将漆包线直接绕在棒形、工字形、王字形等磁芯上而制成的, 也有用漆包线绕成的空芯电感。常见电感器如图 1.1.21 所示。

图 1.1.21 常见电感器

（1）单层线圈

单层线圈是用绝缘导线一圈挨一圈地绕在纸筒或胶木骨架上，如晶体管收音机中的波天线线圈。

（2）蜂房式线圈

如果所绕制的线圈，其平面与旋转面不平行，而是相交成一定的角度，这种线圈就被称为蜂房式线圈。其旋转一周，导线来回弯折的次数常被称为折点数。蜂房式绕法的优点是体积小，分布电容小，而且电感量大。蜂房式线圈都是利用蜂房绕线机来绕制，折点越多，分布电容越小。

（3）铁氧体磁芯和铁粉芯线圈

线圈的电感量大小与有无磁芯有关。在空芯线圈中插入铁氧体磁芯，可增加电感量，提高线圈的品质因数。

（4）铜芯线圈

铜芯线圈在超短波范围应用较多，利用旋动铜芯在线圈中的位置来改变电感量，这种调整比较方便、耐用。

（5）色码电感线圈

色码电感线圈是一种高频电感线圈，它是在磁芯上绕上一些漆包线后再用环氧树脂或塑料封装而成的。其工作频率为 10 kHz 至 200 MHz，电感量一般在 0.1 ~ 3 300 μH。色码电感器是具有固定电感量的电感器，其电感量标志方法同电阻一样以色环来标记，单位为 μH。

（6）阻流圈（扼流圈）

限制交流电通过的线圈叫作阻流圈。阻流圈分为高频阻流圈和低频阻流圈。

（7）偏转线圈

偏转线圈是电视机扫描电路输出级的负载，偏转线圈要求偏转灵敏度高、磁场均匀、品质因数高、体积小、价格低。

3. 电感器的主要参数

电感器的主要参数包括电感量、品质因数、分布电容、额定电流等。

（1）电感量

电感量 L 表示线圈本身固有特性，与电流大小无关。

（2）品质因数

品质因数 Q 是表示线圈质量的一个物理量。线圈的 Q 值愈高，回路的损耗愈小。线圈的 Q 值与导线的直流电阻、骨架的介质损耗、屏蔽罩或铁芯引起的损耗、高频趋肤效应等因素有关。线圈的 Q 值通常为几十到几百。采用磁芯线圈或多股粗线圈均可提高线圈的 Q 值。

（3）分布电容

线圈的匝与匝间、线圈与屏蔽罩间、线圈与底版间存在的电容称为分布电容。分布电容的存在使线圈的 Q 值减小，稳定性变差，因而线圈的分布电容越小越好。采用分段绕法可减少分布电容。

（4）额定电流

额定电流是线圈中允许通过的最大电流。通常用字母 A、B、C、D、E 分别表示标称电流值 50 mA、150 mA、300 mA、700 mA、1 600 mA。

1.1.4 半导体器件

1. 半导体材料

众所周知，在自然界中，根据导电能力的不同，材料可以划分为导体、绝缘体和半导体。半导体的导电能力介于导体和绝缘体之间。常见的半导体材料有硅（Si）、锗（Ge）或砷化镓（GaAs）。纯净的半导体材料称为本征半导体。半导体材料可以用来制作二极管、三极管、场效应管、传感器、放大器等分立器件，也可以用于大规模集成电路的设计。

☞ 小知识：本征半导体和杂质半导体

本征半导体（Intrinsic Semiconductor）是完全不含杂质且无晶格缺陷的纯净半导体。在本征半导体中掺入某些微量元素作为杂质可使半导体的导电性发生显著变化，此类半导体称为杂质半导体。

半导体的概念非常简单、直观，然而在电子设计领域，半导体绝对是一个重量级的角色。半导体材料的特性成为电子系统运行的机理所在，支撑着几乎整个电子工业的发展。可以说，没有半导体，就没有现代电子工业。因而围绕半导体的理论被研究得非常深入，要全面理解半导体的特性，需要大量的知识基础。

小知识：摩尔定律

摩尔定律是由英特尔（Intel）创始人之一戈登·摩尔（Gordon Moore）提出来的。其内容为：当价格不变时，集成电路上可容纳的元器件的数目，约每隔 18～24 个月便会增加一倍，性能也将提升一倍。换言之，每一美元所能买到的电脑性能，将每隔 18～24 个月翻一倍以上。这一定律揭示了信息技术进步的速度（图 1.1.22）。

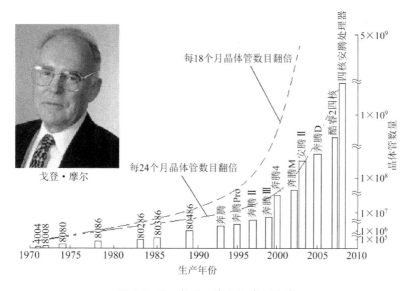

图 1.1.22　戈登·摩尔和摩尔定律

尽管这种趋势已经持续了超过半个世纪，摩尔定律仍应该被认为是观测或推测，而不是一个物理或自然法。2010 年国际半导体技术发展路线图的更新增长已经放缓，在 2014 年之后的时间里晶体管数量密度预计只会每三年翻一番。

"集成电路的基础材料是半导体，其工作机制是默默隐藏于它背后、鲜有人知的物理原理。换言之，是基于量子理论而建立起来的固体物理理论，赋予了集成电路技术那种'体积不断缩小、速度不断加快'的超级能力。电子技术几十年来的突飞猛进是根源于物理学中量子理论的成功。而如今，怎样才能挽救摩尔定律呢？可以用上中国人的一句老话：解铃还须系铃人。还是得回到基本物理的层面上，才有可能克服摩尔定律的瓶颈问题。"——张天蓉《电子，电子！谁来拯救摩尔定律》。

但是从应用角度上说，人们并不需要了解收音机的全部原理，也能很好地使用它。在很多情况下，只要了解一些相关的基础知识，就能避开晦涩难懂的理论而直接应用半导体器件，这是完全可行的。

2. 二极管的形成

二极管（Diode）是最基础的半导体产品，是由两种"不同性质"的半导体材料构成的典型的半导体器件。纯净半导体材料称为本征半导体，比如硅（Si），其导电性能不强。而通过研究发现，只要在本征半导体里面掺杂少量杂质，就能显著提高其导电性能，成为"导体"。这就像被"弄脏"了的水，其导电能力明显高于真正的纯净水一样。

根据掺杂的材料不同，本征半导体形成两种极性的材料，分别是能产生"＋"（正）电荷的 P 型（Positive）材料和能产生"－"（负）电荷的 N 型（Negative）材料。

对于单纯的 P 型材料或者 N 型材料，其导电特性已经达到导体的能力。将 P 型材料和 N 型材料组合成一起，就构成 PN 结，成为二极管的基本形式，如图 1.1.23 所示。

图 1.1.23　P 型材料和 N 型材料组合形成 PN 结

PN 结具有单向导电性，即一般情况下，电流方向只能是从 P 区流向 N 区。也就是说，当 P 区为高电势，N 区为低电势，PN 结导通；而当 P 区为低电势，N 区为高电势，则 PN 结截止，表现出绝缘状态。

二极管就是一个封装了 PN 结的半导体器件，如图 1.1.24 所示，其中连接 P 区的一端称为阳极（Anode），用 A 表示，而连接 N 区的一端称为阴极（Cathode），用 K 表示（注意不是 C）。因而，二极管实际上就是一个封装好的 PN 结，其首要的特性是单向导电性（正向导电、反向截止）。

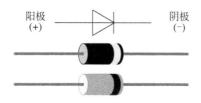

图 1.1.24　二极管

☞ **小知识：二极管特性**

在电子电路中，将二极管的正极（P 区）接在高电位端，负极（N 区）接在低电位端，二极管就会导通，这种连接方式称为正向偏置。将二极管的正极（P 区）接在低电位端，负极（N 区）接在高电位端，此时二极管中几乎没有电流流过，二极管处于截止状态，这种连接方式称为反向偏置。

必须进一步说明，当加在二极管两端的正向电压很小时，二极管仍然不能导通，流过二极管的正向电流十分微弱。只有当正向电压达到某一数值（这一数值称为"门槛电压"，锗管约为 0.2 V，硅管约为 0.6 V）以后，二极管才能真正导通。导通后二极管两端的电压基本上保持不变（锗管约为 0.3 V，硅管约为 0.7 V），称为二极管的"正向压降"。

3. 认识常用二极管

二极管有多种类型：按材料，可分为锗二极管、硅二极管、砷化镓二极管等；按制作工艺，可分为面接触二极管和点接触二极管；按用途，可分为整流二极管、检波二极管、开关二极管、稳压二极管、快速恢复二极管、肖特基二极管、发光二极管、变容二极管等；按结构类型，可分为半导体结型二极管、金属半导体接触二极管等；按封装形式，可分为常规封装二极管、特殊封装二极管等。

（1）整流二极管

整流二极管的作用是将交流电源整流成脉动直流电，它是利用二极管的单向导电特性工作的。常用的整流二极管型号有 1N4001、1N4007（图 1.1.25）。

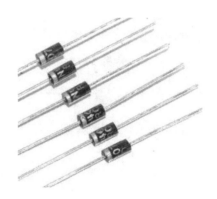

图 1.1.25　整流二极管 1N4007

（2）检波二极管

检波二极管是把叠加在高频载波中的低频信号检出来的器件，它具有较高的检波效率和良好的频率特性。检波二极管要求正向压降小，检波效率高，结电容小，频率特性好，其外形一般采用 EA 玻璃封装结构。一般检波二极管采用锗材料点接触型结构。

（3）开关二极管

由于半导体二极管在施加正向偏压时，导通电阻很小，而在施加反向偏压时，截止电阻很大，在开关电路中利用半导体二极管的这种单向导电特性就可以对电流起接通和关断的作用，故把用于这一目的的半导体二极管称为开关二极管。开关二极管主要应用于对讲机、电视机、视频监控器等家用电器及电子设备开关电路、检波电路、高频脉冲整流电路等。

（4）稳压二极管

稳压二极管，又名齐纳二极管（图 1.1.26），是利用 PN 结反向击穿时电压基本上不随电流变化而变化的特点来达到稳压的目的的。因为它能在电路中起稳压作用，故称为稳压二极管（简称稳压管）。稳压二极管是根据击穿电压来分挡的，其稳压值就是击穿电压值。稳压二极管主要作为稳压器或电压基准元件使用。稳压二极管可以串联起来得到较高的稳压值。

图 1.1.26　稳压二极管

（5）快速恢复二极管

快速恢复二极管（Fast Recovery Diode，简称 FRD）是一种新型的半导体二极管。这种二极管的开关特性好，反相恢复时间短，通常在高频开关电源中作为整流二极管，常用型号如 FR107（图 1.1.27）。

图 1.1.27　快速恢复二极管 FR107

（6）肖特基二极管

肖特基二极管（图 1.1.28）是肖特基势垒二极管（Schottky Barrier Diode，简称 SBD）的简称。肖特基二极管是用贵重金属（金、银、铝、铂等）为正极，以 N 型半导体为负极，利用二者接触面上形成的具有整流特性的势垒而制成的金属-半导体器件。肖特基二极管通常用在高频、大电流、低电压整流电路中，常用的型号有 1N5819、1N5822、SS14。

图 1.1.28　肖特基二极管

（7）发光二极管

发光二极管（Light Emitting Diode，简称 LED）（图 1.1.29）是采用磷化镓、磷砷化镓等半导体材料制成的，可以将电能直接转换为光能的器件。发光二极管除了具有普通二极管的单向导电特性之外，还可以将电能转换为光能。给发光二极管外加正向电压时，它处于导通状态。当正向电流流过管芯时，发光二极管就会发光，将电能转换成光能。

图 1.1.29　发光二极管

发光二极管的发光颜色主要由制作管子的材料和掺入杂质的种类决定。目前常见的发光二极管的发光颜色主要有蓝色、绿色、黄色、红色、橙色、白色等。其中，白色发光二极管是新型产品，主要应用在手机背光灯、液晶显示器背光灯、照明等领域。

发光二极管的工作电流通常为 2～25 mA。工作电压（正向压降）

随着材料的不同而不同：普通绿色、黄色、红色、橙色发光二极管的工作电压约为 2 V；白色发光二极管的工作电压通常高于 2.4 V；蓝色发光二极管的工作电压通常高于 3.3 V。发光二极管的工作电流不能超过额定值太高，否则有烧毁的危险。故通常在发光二极管回路中串联一个电阻作为限流电阻。

红外发光二极管是一种特殊的发光二极管，其外形和发光二极管相似，只是它发出的是红外光，在正常情况下人眼是看不见的。其工作电压约为 1.4 V，工作电流一般小于 20 mA。

有些公司将两个不同颜色的发光二极管封装在一起，使之成为双色二极管（又名变色发光二极管）。这种发光二极管通常有三个引脚，其中一个是公共端。它可以发出三种颜色的光（其中一种是两种颜色的混合色），故通常作为不同工作状态的指示器件。

（8）变容二极管

变容二极管（图 1.1.30）（Variable Capacitance Diode，简称 VCD）是利用反向偏压来改变 PN 结电容量的特殊半导体器件。变容二极管相当于一个容量可变的电容器，它的两个电极之间的 PN 结电容，随加到变容二极管两端反向电压大小的改变而变化。当加到变容二极管两端的反向电压增大时，变容二极管的容量减小。由于变容二极管具有这一特

图 1.1.30　变容二极管

性，所以它主要用于电调谐回路（如彩色电视机的高频头）中，作为一个可以通过电压控制的自动微调电容器。

4. 认识三极管

半导体三极管（Bipolar Junction Transistor，简称 BJT）也称双极型晶体管、晶体三极管，是一种电流控制型半导体器件。三极管可以实现把微弱信号放大，也可用作无触点开关。如图 1.1.31 所示是常见的三极管。

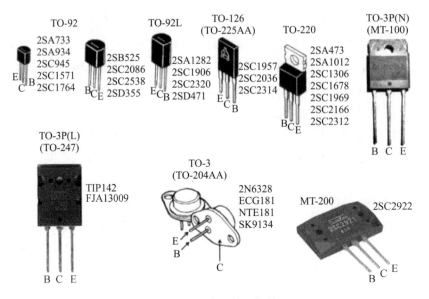

图 1.1.31　常见的三极管

☞ **小知识：三极管的诞生**

1947 年 12 月 23 日在美国新泽西州墨累山的贝尔实验室里，3 位科学家巴丁博士、布莱顿博士和肖克莱博士（图 1.1.32）发明了三极管。这 3 位科学家因此共同荣获了 1956 年诺贝尔物理学奖。晶体管的发现带来了"固态革命"，进而推动了全球范围内的半导体电子工业。作为主要部件，它及时、普遍地首先在通信工具方面得到应用，并产生了巨大的经济效益。由于晶体管彻底改变了电子线路的结构，集成电路及大规模集成电路应运而生，这使得制造高速电子计算机之类的高精密装置变成了现实。

图 1.1.32　发明三极管的 3 位科学家

如图 1.1.33 所示，从结构上看，三极管并不复杂，也是由 P 型材料和 N 型材料所构成。一般是由 2 个 N 和 1 个 P 构成 NPN 型三极管，或者 2 个 P 和 1 个 N 构成 PNP 型三极管。由此可见，三极管形成 3 个区：基区、发射区和集电区；3 个区分别引出三个电极：基极（Base）、发射极（Emitter）和集电极（Collector）。基极和集电极之间的 PN 结称为集电结，基极和发射极之间的 PN 结称为发射结。

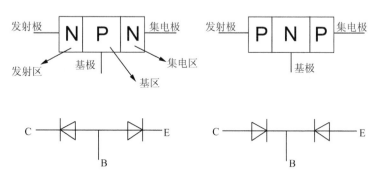

图 1.1.33　三极管内部模型示意图

☞ **小知识：三极管≠二极管＋二极管**

　　三极管是一种电流控制型器件，基极的小电流控制着集电极和发射极的大电流（图 1.1.34）。这种控制方式，需要更深入地了解三极管机理才能理解，初学者只需要记住简单的结论。

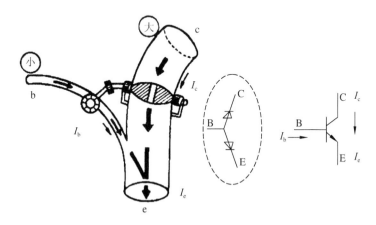

图 1.1.34　三极管工作原理示意图

　　在内部结构上，三极管更像是两个背靠背或头顶头的二极管。如前所述，基极 B 一般作为控制端，控制着集电极 C 和发射极 E 之间的电流通路，而基极电流由发射结（BE）形成。因而，只要发射结上的二极管处于截止状态（施加反向偏置电压或正向偏置电压小于门槛电压），那么整个三极管就被关断了。反之，若发射结上的二极管处于正向导通状态（施加正向偏置电压），那么集电极 C 与发射极 E 之间就能形成通路。

这样的话，三极管的控制原理就变得简单起来，只需要像控制二极管那样控制发射结即可。

值得注意的是，对于 NPN 型管，形成的电流通路只能是从集电极 C 流向发射极 E，而 PNP 型管是从发射极 E 流向集电极 C。如果进一步研究，就会发现另一个重要的现象：当三极管被开启时，集电区的 PN 结（BC）居然处于反向偏置状态——反向导通。这正是三极管工作时的一个重要特征。

NPN 型三极管有 S9013 和 S8050 两种。其内部结构和电气符号如图 1.1.35 所示。NPN 型三极管电气符号中的箭头可以理解为三极管的"内部二极管"极性。在正常工作时，这类三极管电流受基极控制，其电流（I_c）是从集电极流向发射极。

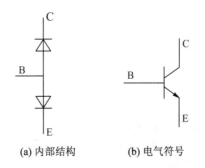

(a) 内部结构   (b) 电气符号

图 1.1.35　NPN 型三极管内部结构和电气符号

另一类是 PNP 型三极管，常用的型号是 S9012 和 S8550，如图 1.1.36 所示。同样地，正常工作时只有发射结的二极管符合正向导电特性，而集电极的二极管处于"反向"截止状态。PNP 型管的电流（I_c）是从发射极流向集电极。

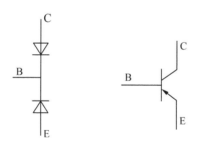

图 1.1.36　PNP 型三极管内部结构和电气符号

PNP 和 NPN 型管可以组成对管，应用于很多需要互补输出的场合。S9013 的对管是 S9012，S8050 的对管是 S8550。对于小功率直流电机，最常用的就是三极管驱动电路，此电路不仅简单易懂，而且成本低廉。

如上所述，通常情况下，三极管基极是一个重要的控制端。三极管正是通过基极控制发射结处的"二极管"导通状态，从而来控制集电极和发射极间的通断。只要三极管发射结间导通，那么集电极 C 和发射极 E 间就能建立电路通路。这也是三极管作为非接触式电子开关的基本工作方式。

三极管的主要参数包括电流放大系数 β，集电极最大允许电流 I_{CM}，集电极最大允许功耗 P_{CM}，反向击穿电压 U_{BR} 等，在实际应用中，需要根据实际情况对 I_{CM} 和 P_{CM} 做出选择。

1.2　常用材料和工具

课程设计中用到的材料和工具包括但不限于剪刀、镊子、斜口钳、焊接工具、万用板等。

1.2.1　万用板

用面包板搭电路是验证电路原理的非常好的方式，当需要把验证的电路固定下来的时候，就要用到万用板或者印制电路板（Printed Circuit Board，简称 PCB）。万用板是手工设计和焊接固化电路的工具，而印制电路板则是利用软件进行电路板设计，并进行加工的成品电路。万用板及元器件装配如图 1.2.1 所示。

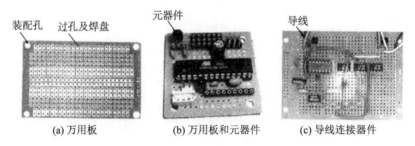

图 1.2.1 万用板及元器件装配

万用板上的元器件与导线都是通过焊接固定的，比面包板牢固一些，但是如果要更换元器件或修改导线连接就不像面包板那么方便了。可视电路的制作需要选择使用万用板或面包板。一般来说，如果只是暂时连接电路验证设计的正确性或对电路参数进行调试，使用面包板会方便一些；如果电路没有什么缺陷，就可以利用万用板焊接电路，以便在样机测试中使用。

在万用板上装配和焊接元器件，需要注意几个方面。

1. 合理布局

元器件摆放要注意空间疏密，排放太紧不易焊接修改，排布太疏则浪费空间。布局关系要按照模块关系进行排布。接口电源放置在外，功能器件摆放在内。可以利用铅笔在万用板表面做适当的规划。如图1.2.2所示的万用板布局比较整齐合理。

图 1.2.2 万用板布局

2. 规范安放元器件

万用板焊接时，直插式的元器件（如电阻器），一般卧式安放，如
图 1.2.3(a)所示；在空间受限的时候，也可以立式安放，如图 1.2.3(b)
所示。

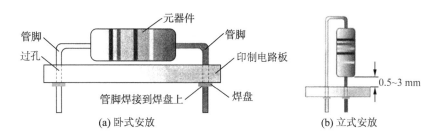

图 1.2.3　元器件的安放

如图 1.2.4 所示是元器件局部布局和安放的对比效果，应注意借鉴
好的布局方法。

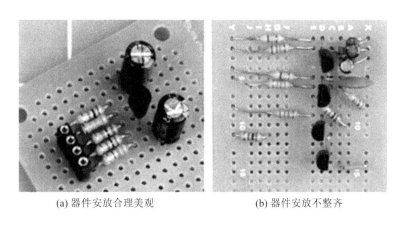

(a) 器件安放合理美观　　　　　　(b) 器件安放不整齐

图 1.2.4　元器件局部布局和安放的对比效果

3. 正确焊接

焊接看似简单，但却是电路板制作非常关键的一步，因为焊接质量
的好坏直接影响电路的稳定性。很多时候会因为虚焊、焊接线短路等造
成电路故障。

如图 1.2.5 所示，焊接时，从个头较小的电阻、电容等元器件开
始，把元器件从没有焊盘的一侧插入印制电路板的过孔，并从另一侧伸

出。左手拇指和食指捏着焊锡丝，右手拿电烙铁先在电烙铁头轻轻蹭一点焊锡；接着把电烙铁头贴到管脚和焊盘之间，再把焊锡丝推到焊盘上，将焊锡丝熔化在管脚和焊盘之间；当形成一个较为圆滑、饱满的锡点（图 1.2.6）后，立即把焊锡丝拿走。

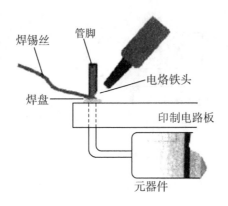

图 1.2.5　焊接时加热和送锡示意图

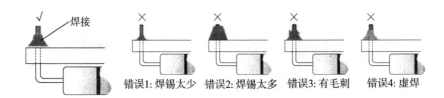

图 1.2.6　焊点的问题

1.2.2　印制电路板（PCB）

　　万用板一般作为样机进行调试。当需要把万用板上的电路固定成一个专门的产品或者设计时，就要使用印制电路板。印制电路板是在绝缘的基板上加以金属导体作配线，印刷出线路图案。PCB 是通过电路软件绘制加工而成的，元器件安装和焊接时，可以有效降低电路板的装配强度，提高电路调试和生产的效率。印制电路板基材普遍是以基板的绝缘部分做分类，常见的原料为电木板、玻璃纤维板及各式的塑胶板。如图 1.2.7 所示是单面印制电路板示例。

元器件符号

焊盘及过孔　　　　铜箔导线

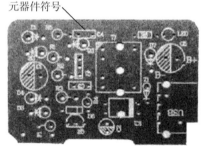
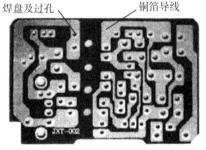

(a) 正面（丝印层）　　　　　　　　(b) 反面（铜箔层）

图 1.2.7　单面印制电路板示例

印制电路板加工出来后，将进行元器件焊装。从电子市场或网上购买回来的各种元器件，首先使用万用表对其质量进行检测，以确保电路制作的成功率，然后按照先小后大的原则，把元器件逐一焊装到印制电路板上。

焊装元器件只有两个步骤：插入元器件过孔、焊接元器件管脚与焊盘。如图 1.2.8 所示是一款装配完成的 PCB 样例。

图 1.2.8　装配完成的 PCB 样例

1.2.3　焊接材料和工具

焊接工具和材料包括烙铁焊台、烙铁支架、焊锡丝、焊接导线、万用板等，如图 1.2.9 所示。焊接是通过加热的烙铁将固态焊锡丝加热熔化，再借助于助焊剂的作用，使其流入被焊金属之间，待冷却后形成牢固可靠的焊接点。

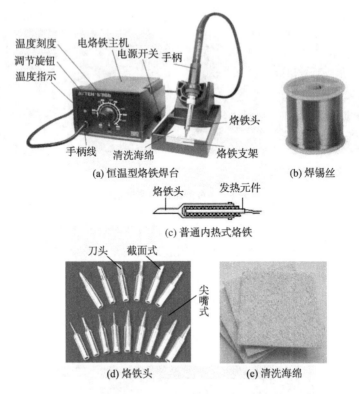

图 1.2.9　焊接工具和材料

焊接要注意正确的加热方法，合理使用助焊剂，焊点要饱满，不虚焊，不多锡。一般的加热温度为 300～350 ℃。长时间不使用烙铁，应及时关闭电源，或者把温度调至 200 ℃左右保持预热状态。电烙铁通电后温度较高，需要放置在专门的电烙铁架上。

焊锡丝是一种导体，是焊接的主要耗材。用电烙铁对焊锡丝加热至熔化，当焊锡丝凝固后就会把元器件管脚与焊盘之间焊接起来，在固定的同时实现电气连接。中间已经混合有松香（助焊剂）的焊锡丝使用起来非常方便。根据不同的焊接要求可以选择对应焊锡丝的粗细，常用的直径有 0.5 mm、0.8 mm、1 mm，甚至更大。

烙铁头可以控制加热的面积和热量。当焊接焊盘较大时，用较大的截面式烙铁头；当焊接焊盘较小时，用尖嘴式烙铁头。刀形烙铁头焊接多脚 IC 芯片比较方便。

在电烙铁架的底座上还配有一块专门用于擦拭电烙铁头的清洗海绵。在焊接过程中，电烙铁头常常会因氧化等原因产生"锅巴"而无法上锡继续焊接，这时将电烙铁头在浸过水的清洗海绵上轻轻擦拭即可。

焊接线可以使用专门用于飞线的 OK 线，单股单芯，线芯直径 0.25 mm；焊接时，也可以利用多余的引脚长度进行连接，但是因为引脚都是裸露的，所以要注意不能短路；还可以利用灰排线进行焊接，如图 1.2.10 所示。

图 1.2.10　灰排线

吸锡器（图 1.2.11）是一个小型的手动空气泵，压下吸锡器的压杆，就排出了吸锡器内的空气；当释放吸锡器压杆的锁钮时，弹簧推动压杆迅速回到原位，在吸锡器腔内形成负压力，就能够把熔化的焊锡吸走。

图 1.2.11　吸锡器

对于过长的引脚，需要使用修剪工具等（图 1.2.12）整理。一般使用斜口钳截断元器件管脚或剪去导线，也可用来代替剥线钳去掉导线外的绝缘皮。

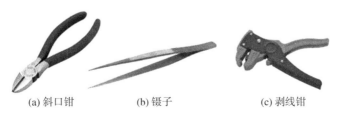

(a) 斜口钳　　　　　(b) 镊子　　　　　(c) 剥线钳

图 1.2.12　修剪工具

1.3　数字万用表

1.3.1　了解数字万用表

万用表又称为复用表、多用表、三用表等，是电力电子系统不可缺少的测量仪表，主要用于测量电压、电流、电阻、电容、二极管等参数，也能测量电气连接的通断状态。万用表可以说是电子工程师的必备仪器。万用表按显示方式分为指针万用表和数字万用表（图 1.3.1），数字万用表具有数字显示功能，读数非常直观。

(a) 指针万用表　　　　(b) 数字万用表

图 1.3.1　万用表

1.3.2　认识数字万用表的挡位和测量

数字万用表（图 1.3.2）有多个挡位，可以进行电压测量、电流测量、晶体管测量、电阻测量、电容测量，还有些万用表可以外接热电偶测量温度。

数字万用表的面板主要功能：

① 液晶显示器。显示位数为 4 位，最大显示数为 ±1 999，若超过此数值，则显示 1 或 −1。

② 转换开关。用来转换测量种类和量程。

③ 电源开关。开关置于"ON"时，则表内电源接通，可以正常工作；开关置于"OFF"时，则表内电源关闭。

④ 输入插座。黑表笔始终插在"COM"孔内，红表笔可以根据测

量种类和测量范围分别插入"V·Ω""mA""10 A"插孔中。

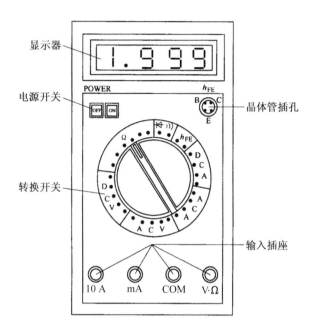

图 1.3.2　数字万用表

1. 电压测量

（1）直流电压的测量

直流电压如电池、随身听电源等，测量时首先将黑表笔插进"COM"孔，红表笔插进"V·Ω"，再把挡位旋钮旋到比估计值大的量程，接着把表笔接电源或电池两端［图 1.3.3(a)］，保持接触稳定。

测量数值可以直接从显示屏上读取，若显示为"1."，则表明量程太小，那么就要加大量程后再测量。如果在数值左边出现"－"，则表明表笔极性与实际电源极性相反，此时红表笔接的是负极。

（2）交流电压的测量

表笔插孔与直流电压的测量一样，不过应该将旋钮旋到交流挡处，并选择所需的量程。交流电压无正负之分，测量方法跟前面相同。无论测交流还是直流电压，都要注意安全，不要随便用手触摸表笔的金属部分，以免对电路或人身造成损害。如图 1.3.3(b)所示是正在测量插座的交流电压。

黑-
红+

(a) 直流电压测量

(b) 交流电压测量

图 1.3.3　电压测量

2. 电流测量

(1) 直流电流的测量

先将黑表笔插入"COM"孔。若测量大于 200 mA 的电流，则要将红表笔插入"10 A"插孔，并将旋钮旋到直流"10 A"挡；若测量小于 200 mA 的电流，则将红表笔插入"mA"插孔，并将旋钮旋到直流 200 mA 以内的合适量程。调整好后，就可以测量了。将万用表串联进电路中，保持稳定，即可读数。若显示为"1."，则要加大量程；若在数值左边出现"－"，则表明电流从黑表笔流进万用表。

(2) 交流电流的测量

挡位应该旋到交流电流挡位，测量方法与直流电流的测量相同。

3. 电阻和二极管测量

(1) 电阻的测量

将表笔插进"COM"和"V·Ω"孔中，把旋钮旋到"Ω"挡处，并选择所需的量程，用表笔接在电阻两端金属部位，测量中可以用手接触电阻，但不要同时接触电阻两端，这样会影响测量精确度。读数时，要保持表笔和电阻有良好的接触。需要注意的是，在"200"挡时，单位是"Ω"；在"2 k"到"200 k"挡时，单位为"kΩ"；在"2 M"挡以上时，单位是"MΩ"。

(2) 二极管的测量

数字万用表可以测量发光二极管、整流二极管等。测量时，表笔位置与电压测量一样，将旋钮旋到二极管挡。用红表笔接二极管的正极，黑表笔接负极，这时会显示二极管的正向压降。肖特基二极管的压降是

0.2 V 左右，普通硅整流管约为 0.6 V，发光二极管为 1.8～2.3 V。调换表笔，显示屏显示"1."则为正常，此时二极管的反向电阻很大，如图 1.3.4 所示。

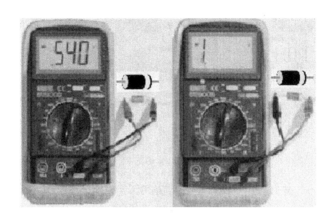

图 1.3.4　二极管测量

☞ 小知识：二极管挡和通断挡的区别

　　二极管挡主要是测量二极管的正向压降，而通断挡主要是测量线路的通断。有的万用表把通断挡和二极管挡做在一起，有的万用表却把这两个挡位分开做。二极管挡内部自身产生一个 2.8 V 左右的电压源，加到"V·Ω"孔和"COM"孔。当将红黑表笔接到被测二极管两端时，主要测量二极管的正反向压降。而通断挡主要是靠运算放大器控制蜂鸣器发声，如果被测回路阻值低于某个数值（大约是 60 Ω，每个万用表有差异），蜂鸣器就发出声响。

1.4　函数信号发生器

　　函数信号发生器用于产生标准信号源，要学会使用信号发生器产生正弦波、方波、三角波等基本信号。

　　如图 1.4.1 所示是 VD1641 型函数信号发生器。仪器面板有波形选择按钮、频率挡位选择按钮、频率调节旋钮、幅度调节旋钮等。幅度调节旋钮旁边还有幅度衰减开关，当需要较小信号幅度时，可以打开衰减开关。信号发生器左下方按钮是电源按钮，右下方是信号输出端。表

1.4.1 是该函数信号发生器的性能指标列表。

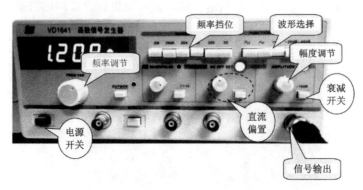

图 1.4.1　VD1641 型函数信号发生器

表 1.4.1　VD1641 型函数信号发生器的性能指标

名称	数据	名称	数据
波形	正弦波、方波、三角波、脉冲波、锯齿波等	占空比	10%～90%连续可调
频率	0.2 Hz～2 MHz	输出阻抗	$50×(1±0.1)$ Ω
显示	4 位数显示	正弦失真	≤2%（20 Hz～20 kHz）
频率误差	±1%	方波上升时间	≤5 ns
幅度	1 mV～25 V_{P-P}	TTL 方波输出	≥3.5 V_{P-P} 上升时间≤25 ns
功率	≥3 W_{P-P}	外电压控制扫频	输入电平 0～10 V
衰减器	0 dB、−20 dB、−40 dB、−60 dB	输出频率	1∶100
直流电平	−10～+10 V		

☞ **小知识：函数信号发生器的使用**

① 将仪器接入交流电源，按下电源开关。

② 按下所需波形的功能开关。

③ 当需要脉冲波和锯齿波时，拉出并转动占空比调节开关，调节占

空比，此时频率为原来指示值 1/10，其他状态时关掉占空比调节开关。

④ 当需要小信号输入时，按下衰减开关。

⑤ 调节幅度旋钮旋至需要的输出幅度。

⑥ 当需要直流电平时，调节直流电平偏移至需要设置的电平值，其他状态时关掉，直流电平将为零。

⑦ 当需要 TTL 信号时，从脉冲输出端输出，此电平将不随功能开关改变。

注意事项：

① 把仪器接入交流电源之前，应检查交流电源是否和仪器所需要的电源电压相适应。

② 仪器需预热 10 min 后方可使用。

③ 不能将大于 10 V（DC＋AC）的电压加至输出端、脉冲端和 V_{CF} 端（功率输出端）。

1.5　电子示波器

电子示波器的作用是把人眼无法观测的电信号，直观地显示出来。示波器能观察电信号随时间的变化情况，可以直接观测信号波形、幅度、周期（频率）等基本参量，也可以观测相关信号之间的关系。

如图 1.5.1(a)所示是典型的数字电子示波器面板。图 1.5.1(b)所示为 VDS1022 型电子示波器面板，这是一台双通道示波器，基本功能有输入通道、水平调节、垂直调节、触发调节、AUTO 自动跟踪测量、运行/停止。图 1.5.1(c)所示是 TDS2024 型四通道示波器面板，其基本操作都是相通的。

使用示波器时由输入通道输入被测信号，通过调节水平和垂直旋钮，合理显示观察范围，进行波形测量。对于周期信号，也可通过 AUTO 按钮自动完成波形的观测。

按下 AUTO 按纽，示波器将根据输入的信号，自动设置和调整垂直、水平及触发方式等各项控制值，使波形显示达到最适宜观察状态。如需要，还可进行手动调整。

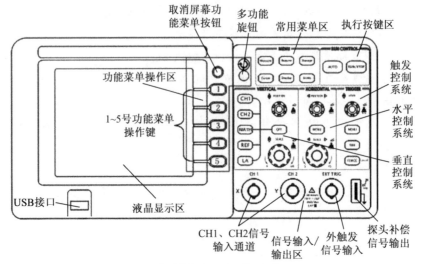

(a) 典型的数字电子示波器面板

(b) VDS1022型双通道示波器面板

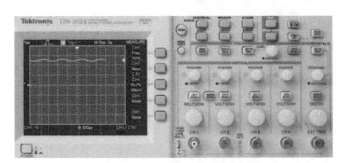

(c) TDS2024型四通道示波器面板

图 1.5.1　电子示波器面板

RUN/STOP 键为运行/停止波形采样按钮。运行（波形采样）状态时，按钮为黄色；按一下按钮，停止波形采样且按钮变为红色，有利于绘制波形并可在一定范围内调整波形的垂直衰减和水平时基；再按一下，恢复波形采样状态。

　　在垂直控制区，POSITION 旋钮调节该通道"地"（GND）标识的显示位置，从而调节波形的垂直显示位置。

　　垂直比例 SCALE 旋钮调整所选通道波形的显示幅度。转动该旋钮改变"Volt/div（伏/格）"垂直挡位，同时底部状态栏对应通道显示的幅值也会发生变化。CH1、CH2、MATH、REF 为通道或方式按钮，按下某按钮屏幕将显示其功能菜单、标志、波形和挡位状态等信息。

　　水平控制区主要用于设置水平时基的调节，水平位置 POSITION 旋钮调整信号波形在显示屏上的水平位置，转动该旋钮不但波形随旋钮而水平移动，且触发位移标志"T"也在显示屏上部随之移动，移动值则显示在屏幕左下角。

　　水平比例 SCALE 旋钮调整水平时基挡位设置，转动该旋钮改变"s/div（秒/格）"水平挡位，底部状态栏 Time 后显示的主时基值也会发生相应的变化。

1.6　直流稳压电源

1.6.1　直流稳压电源功能

　　电子设备工作时，必须使用电源作为工作动力。电视机、机顶盒等电子设备使用市电作为电源输入，设备内部有独立的整流稳压模块，产生内部电路所需的供电电压；移动式电子设备，如 MP3、手机等使用电池作为电源；而在实验室搭建的电子电路系统在成品之前，通常使用专门的仪器——直流稳压电源进行供电。直流稳压电源可以方便地提供常规范围下的各种直流电压，一般为 $-30 \sim 30$ V。当然，直流稳压电源本身也是需要外部供电（市电）的。

　　如图 1.6.1 所示为实验用直流稳压电源 VD1710-3A，具体功能可参见表 1.6.1。其主要操作和性能指标如下：

① 二路独立输出 0～30 V 连续可调，最大电流为 3 A；二路串联输出时，最大电压为 60 V，最大电流为 3 A；二路并联输出时，最大电压为 30 V，最大电流为 6 A。

② 主回路变压器的副边无中间抽头，故输出直流电压为 0～30 V 不分挡。

③ 独立（INDEP）、串联（SERIES）、并联（PARALLEL）是由一组按钮开关在不同的组合状态下完成的。

根据两个不同值的电压源不能并联，两个不同值的电流源不能串联的原则，在电路设计上将两路 0～30 V 直流稳压电源在独立工作时电压（VOLTAGE）、电流（CURRENT）设置独立可调，并由两个电压表和两个电流表分别指示。在用作串联或并联时，两个电源分为主路电源（MASTER）和从路电源（SLAVE）。

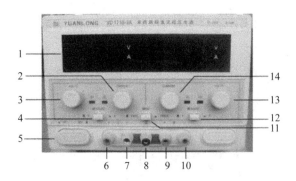

图 1.6.1　VD1710-3A 型直流稳压电源面板示意图

表 1.6.1　稳压电源 VD1710-3A 面板功能介绍

编号	功能说明	编号	功能说明
1	Ⅰ、Ⅱ路电压、电流输出显示	6、9	Ⅰ、Ⅱ路输出"＋"
2、14	Ⅰ、Ⅱ路电流调节旋钮	7、10	Ⅰ、Ⅱ路输出"－"
3、13	Ⅰ、Ⅱ路电压调节旋钮	8	接地端
4、12	Ⅰ、Ⅱ路输出电压、电流选择按钮	11	跟踪模式选择按钮
5	电源开关		

实验室还有其他类似形式的直流稳压电源（图 1.6.2），其操作方式和功能与上述电源基本相同。图中电源还具有右侧固定 5 V 输出方式。

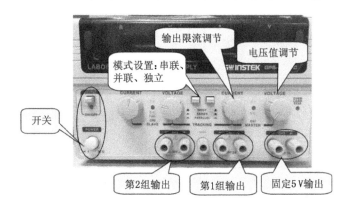

图 1.6.2　固纬直流稳压电源

1.6.2　电子系统的供电

使用直流稳压电源给实际电路供电时，供电要求主要受制于使用的电子元件。有时候情况是非常多样的，往往存在多种电压要求的情况。例如，数字逻辑芯片使用单电源 5 V 供电，模拟器件则通常需要双电源 ±12 V 电压供电，另外低压芯片还有 3.3 V 的供电要求。

总体上，供电要求可以分为单电源供电和双电源供电（正负电压）。如图 1.6.3 所示为电源供电拓扑示意图。其中 3.3 V 电压是通过内部电路进行转换获得的。

在实际应用中，初学者可以在条件允许的情况下，选择单一的供电电压，以简化电源的使用要求。在本书中，如

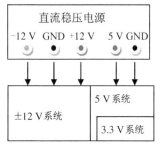

图 1.6.3　电源供电拓扑示意图

无特别说明，将统一采用单电源电压供电，典型值为 5 V，使用 V_{CC} 来表示。

1.6.3　注意共地

电源在电子电路设计中非常重要，它不仅提供电路工作的能量，也为电路的正常运行提供参考基准（地）。整个电子电路系统在运行时，

必须有一个参考基准，也就是系统的零电平，称为地（GND）。通常情况下，系统只使用一个地。如果电路中有不同的系统模块和供电要求，那么这些模块各自的地必须连接在一起，成为一个共同的参考基准，这种连接称为共地。如图 1.6.4 所示，电路中的地（GND）端必须进行共地连接。

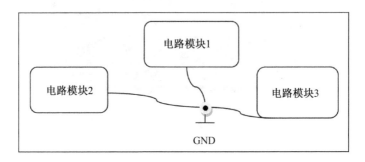

图 1.6.4　系统模块的共地连接示意图

☞ 小知识：为什么要共地？

　　在电路的连接调试过程中，仪器的接地端是否正确连接，是一个很重要的问题。如果接地端连接不正确，或者接触不良，将直接影响测量精度，甚至影响测量结果的正确与否。在实验中，直流稳定电源的地即电路的地端，所以直流稳定电源的"地"一般要与实验板的"地"连接起来。稳定电源的"地"与机壳连接起来形成了一个完整的屏蔽系统，减少了外界信号的干扰，这就是常说的"共地"。

　　示波器的"地"应该和电路的"地"连在一起，否则看到的信号是"虚地"，是不稳定的。信号发生器的"地"也应该和电路的"地"连接在一起，否则会导致输出信号不正确。特别是毫伏表的"地"，如果悬空，就得不到正确的测量结果；如果地端接触不良，就会影响测量精度。正确的做法是，毫伏表的"地"尽量直接接在电路的地端，而不要用导线连至电路接地端，这样就可以减小测量误差。在通信电子线路中的一些仪器，如扫频仪，也应该和电路"共地"。另外，在模拟、数字混合的电路中，数字"地"与模拟"地"应该分开，"热地"用隔离变压器，以免引起互相干扰。

第 2 章
常用软件介绍

2.1　Proteus 软件

Proteus ISIS 是英国 Labcenter 公司开发的电路分析与实物仿真软件。它运行于 Windows 操作系统，可以仿真、分析各种模拟器件和集成电路。该软件的特点如下：

① 实现了单片机仿真和 SPICE 电路仿真相结合。具有模拟电路仿真、数字电路仿真、单片机及其外围电路组成的系统的仿真、RS232 动态仿真、I^2C 调试器、SPI 调试器、键盘和 LCD 系统仿真的功能；具有各种虚拟仪器，如示波器、逻辑分析仪、信号发生器等。

② 支持主流单片机系统的仿真。目前支持的单片机类型有 68000 系列、8051 系列、AVR 系列、PIC12 系列、PIC16 系列、PIC18 系列、Z80 系列、HC11 系列，以及各种外围芯片。

③ 提供软件调试功能。在硬件仿真系统中具有全速、单步、设置断点等调试功能，同时可以观察各个变量、寄存器等的当前状态，因此在该软件仿真系统中，也必须具有这些功能；同时，支持第三方软件（如 Keil C51 uVision2）的编译和调试环境。

④ 具有强大的原理图绘制功能。

总之，该软件是一款集单片机和 SPICE 分析于一身的仿真软件，功能极其强大。本节主要介绍 Proteus ISIS 软件的工作环境和一些基本操作。

2.1.1　进入 Proteus ISIS

双击桌面上的 ISIS Professional 图标或者单击"开始"→"程序"→"Proteus Professional"→"ISIS Professional"，出现如图 2.1.1 所示界面，表明进入 Proteus ISIS 集成环境。

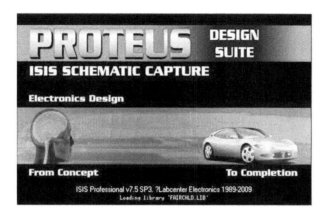

图 2.1.1　启动界面

2.1.2　软件工作界面

Proteus ISIS 的工作界面是一种标准的 Windows 界面，如图 2.1.2 所示，包括标题栏、主菜单、标准工具栏、绘图工具栏、状态栏、对象选择按钮、预览对象方位控制按钮、仿真进程控制按钮、预览窗口、对象选择器窗口和图形编辑窗口。

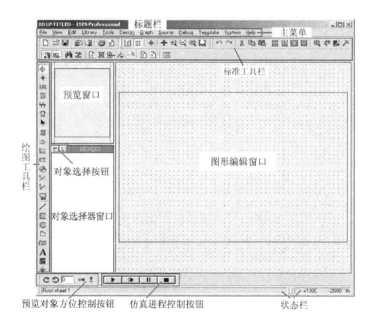

图 2.1.2　Proteus ISIS 的工作界面

2.1.3 软件基本操作

1. 图形编辑窗口

在图形编辑窗口内完成电路原理图的编辑和绘制。为了方便作图，坐标系统（Co-ordinate System）ISIS 中坐标系统的基本单位是 10 nm，这主要是为了和 Proteus ARES 保持一致。但坐标系统的识别（Readout）单位被限制在 1 th。坐标原点默认在图形编辑区的中间，图形的坐标值显示在屏幕右下角的状态栏中。编辑窗口内的点状栅格（The Dot Grid）与捕捉到栅格（Snapping to a Grid），可以通过 View 菜单的 Grid 命令在打开和关闭间切换。点与点之间的间距由当前捕捉的设置决定。捕捉的尺度可以由 View 菜单的 Snap 命令设置，或者直接使用快捷键【F4】、【F3】、【F2】和【Ctrl】＋【F1】快捷键，如图 2.1.3 所示。若键入【F3】或者在 View 菜单选中 "Snap 100th"，会发现鼠标指针在图形编辑窗口内移动时，坐标值以固定的步长 100 th 变化，这称为捕捉。如果想要确切地看到捕捉位置，可以选中 View 菜单的 X-Cursor 命令，之后将会在捕捉点显示一个交叉十字。当鼠标指针指向管脚末端或者导线时，将会被捕捉到一些物体，这种功能被称为实时捕捉（Real Time Snap）。该功能可以方便地实现导线和管脚的连接。

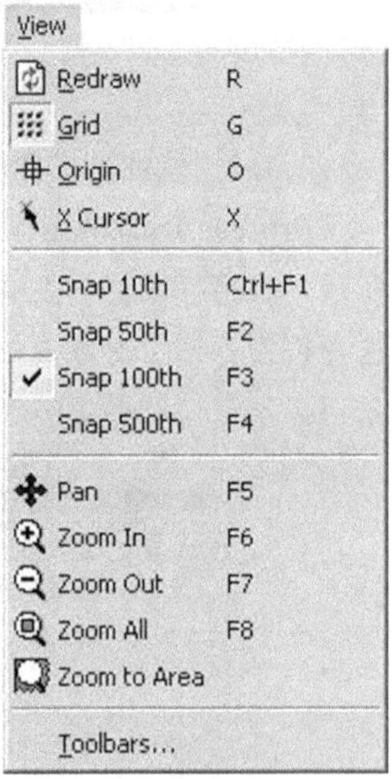

图 2.1.3　View 项菜单

可以通过 Tools 菜单的 Real Time Snap 命令或者【Ctrl】＋【S】快捷键切换该功能。

可以通过 View 菜单的 Redraw 命令来刷新显示内容，同时预览窗口中的内容也将被刷新。当执行其他命令导致显示错乱时，可以使用该特性恢复显示。

视图的缩放与移动可以通过如下几种方式实现。

① 单击预览窗口中想要显示的位置，这将使编辑窗口显示以单击处为中心的内容。

② 在编辑窗口内移动鼠标指针，按下【Shift】键，再用鼠标指针"撞击"边框，会使显示平移，这称为 Shift-Pan。

③ 用指针指向编辑窗口并按缩放键或者操作鼠标的滚动键，会以鼠标指针位置为中心重新显示。

2. 预览窗口

该窗口通常显示整个电路图的缩略图。在预览窗口上单击，将会有一个矩形蓝绿框标示出在编辑窗口中显示的区域。其他情况下，预览窗口显示将要放置的对象的预览。这种 Place Preview 特性在下列情况下被激活：

① 当一个对象在选择器中被选中时。

② 当使用旋转或镜像按钮时。

③ 当为一个可以设定朝向的对象选择类型图标时（如 Component Icon，Device Pin Icon 等）。

④ 当放置对象或者执行其他非以上操作时，Place Preview 会自动消除。

3. 对象选择器窗口

对象选择器（Object Selector）根据由图标决定的当前状态显示不同的内容。显示对象的类型包括设备、终端、管脚、图形符号、标注和图形。在某些状态下，对象选择器有一个 Pick 切换按钮，单击该按钮可以弹出库元件选取窗体。通过该窗体可以选择元件并置入对象选择器，在今后绘图时使用。

4. 图形编辑的基本操作

（1）对象放置（Object Placement）

对象放置的步骤如下：

① 根据对象的类别在工具箱选择相应模式的图标（Mode Icon）。

② 根据对象的具体类型选择子模式图标（Sub-mode Icon）。

③ 若对象类型是元件、端点、管脚、图形、符号或标记，则从选择器里选择想要的对象的名字。对于元件、端点、管脚和符号，可能需要先从库中调出。

④ 若对象是有方向的，则将会在预览窗口显示出来，并可以通过预览对象方位按钮对对象进行调整。

⑤ 指向编辑窗口并单击鼠标以放置对象。

(2) 选中对象（Tagging an Object）

用鼠标指向对象并右击可以选中该对象。该操作可以选中对象并使其高亮显示，然后进行编辑。选中对象时该对象上的所有连线同时被选中。要选中一组对象，可以通过依次在每个对象右击选中每个对象的方式，也可以通过按住右键拖出一个选择框的方式，但只有完全位于选择框内的对象才可以被选中。在空白处右击可以取消所有对象的选择。

(3) 删除对象（Deleting an Object）

用鼠标指向选中的对象并右击可以删除该对象，同时删除该对象的所有连线。

(4) 拖动对象（Dragging an Object）

用鼠标指向选中的对象并按住左键拖曳可以拖动该对象。该方式不仅对整个对象有效，而且对对象中单独的标签也有效。

如果 Wire Auto Router 功能被使能的话，被拖动对象上所有的连线将会重新排布或者"fixed up"。这将花费一定的时间（10 s 左右），尤其在对象有很多连线的情况下，这时鼠标指针将显示为一个沙漏。

若错误拖动一个对象，所有的连线都变成了一团糟，则可以使用 Undo 命令撤销操作，恢复原来的状态。

(5) 拖动对象标签（Dragging an Object Label）

许多类型的对象有一个或多个属性标签附着。例如，每个元件有一个"reference"标签和一个"value"标签。可以很容易地移动这些标签使得电路图看起来更美观。

移动标签的步骤如下：

① 选中对象。

② 用鼠标指向标签，并单击鼠标。

③ 拖动标签到所需要的位置。如果想要定位更精确的话，可以在拖动时改变捕捉的精度（使用【F4】、【F3】、【F2】、【Ctrl】＋【F1】快捷键）。

④ 释放鼠标。

（6）调整对象大小（Resizing an Object）

子电路（Sub-circuits）、图表、线、框和圆可以调整大小。当选中这些对象时，对象周围会出现称为"手柄"的黑色小方块，可以通过拖动这些"手柄"来调整对象的大小。

调整对象大小的步骤如下：

① 选中对象。

② 如果对象可以调整大小，对象周围会出现"手柄"。

③ 用鼠标左键拖动这些"手柄"到新的位置，可以改变对象的大小。在拖动的过程中手柄会消失，以便不和对象的显示混叠。

（7）调整对象的朝向（Reorienting an Object）

许多类型的对象可以调整朝向为 $0°$、$90°$、$270°$、$360°$ 或通过 x 轴、y 轴镜像。当该类型对象被选中后，Rotation 和 Mirror 图标会从蓝色变为红色，然后就可以改变对象的朝向。

调整对象朝向的步骤如下：

① 选中对象。

② 单击 Rotation 图标可以使对象逆时针旋转，右击 Rotation 图标可以使对象顺时针旋转。

③ 单击 Mirror 图标可以使对象按 x 轴镜像，右击 Mirror 图标可以使对象按 y 轴镜像。

当 Rotation 和 Mirror 图标是红色时，操作它们将会改变某个对象。当图标是红色时，首先取消对象的选择，此时图标会变成蓝色，说明现在可以"安全"地调整新对象了。

（8）编辑对象（Editing an Object）

许多对象具有图形或文本属性，这些属性可以通过一个对话框进行编辑，这是一种很常见的操作，有多种实现方式。

① 编辑单个对象的步骤如下：

a. 选中对象。

b. 单击选中的对象。

② 连续编辑多个对象的步骤如下：

a. 选择 Main Mode 图标，再选择 Instant Edit 图标。

b. 依次单击各个对象。

③ 以特定的编辑模式编辑对象的步骤如下：

a. 指向对象。

b. 按【Ctrl】＋【E】快捷键。

对于文本脚本来说，这将启动外部的文本编辑器。如果鼠标没有指向任何对象的话，该命令将对当前的图进行编辑。

④ 通过元件的名称编辑元件的步骤如下：

a. 键入【E】。

b. 在弹出的对话框中输入元件的名称（Part ID）。确定后将会弹出该项目中任何元件的编辑对话框，并非只限于当前 sheet 的元件。编辑完后，画面将会以该元件为中心重新显示。用户可以通过该方式来定位一个元件，即便不对其进行编辑。

（9）编辑对象标签（Editing an Object Label）

元件、端点、线和总线标签都可以像元件一样编辑。

① 编辑单个对象标签的步骤如下：

a. 选中对象标签。

b. 单击对象。

② 连续编辑多个对象标签的步骤如下：

a. 选择 Main Mode 图标，再选择 Instant Edit 图标。

b. 依次单击各个标签。

选择任何一种方式，都将弹出一个带有 Label and Style 栏的对话框窗体。

（10）拷贝所有选中的对象（Copying all Tagged Objects）

拷贝一整块电路的方式如下：

① 选中需要的对象。

② 单击 Copy 图标。

③ 把拷贝的轮廓拖到需要的位置，单击鼠标放置拷贝。

④ 重复步骤③放置多个拷贝。

⑤ 右击鼠标结束。

当一组元件被拷贝后，其标注自动重置为随机态，用来为下一步的自动标注做准备，防止出现重复的元件标注。

（11）移动所有选中的对象（Moving all Tagged Objects）

移动一组对象的步骤如下：

① 选中需要的对象。

② 把轮廓拖到需要的位置，单击鼠标。

用户可以使用块移动的方式来移动一组导线，而不移动任何对象。

（12）删除所有选中的对象（Deleting all Tagged Objects）

删除一组对象的步骤如下：

① 选中需要的对象。

② 单击 Delete 图标。

如果错误删除了对象，可以使用 Undo 命令来恢复原状。

（13）画线（Wiring Up）

Proteus ISIS 没有画线的图标按钮，这是因为软件的智能化使得在用户想要画线的时候进行自动检测。

在两个对象间连线的步骤如下：

① 单击第一个对象连接点。

② 如果想让软件自动定出走线路径，只需单击另一个连接点即可。如果用户想自己决定走线路径，只需在拐点处单击鼠标。

③ 一个连接点可以精确地连到一根线。在元件和终端的管脚末端都有连接点。一个圆点从中心出发有 4 个连接点，可以连 4 根线。

④ 由于一般都希望能连接到现有的线上，软件也将线视作连续的连接点。此外，一个连接点意味着 3 根线汇于一点，软件提供了一个圆点，避免由于错漏点而引起混乱。

⑤ 在此过程的任何一个阶段，都可以按【Esc】键来放弃画线。

（14）线路自动路径器（Wire Auto-Router）

线路自动路径器可省去必须标明每根线具体路径的麻烦。该功能默认是打开的，但可通过两种途径方式略过该功能。

① 如果只是在两个连接点单击，线路自动路径器将选择一个合适的路径。如果点了一个连接点，然后点一个或几个非连接点的位置，软件即默认用户在手工定线的路径，将会要求用户点击线的路径的每个角，最后路径是通过单击另一个连接点来完成的。

② 可通过使用工具菜单里的 WAR 命令来关闭线路自动路径器。

该功能在两个连接点间直接定出对角线时是很有用的。

(15) 重复布线（Wire Repeat）

假设要连接一个 8 字节 ROM 数据总线到电路图主要数据总线，将 ROM 总线插入点按如图 2.1.4 所示放置。

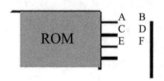

图 2.1.4　总线放置

首先单击 A，然后单击 B，在 AB 间画一根水平线；双击 C，重复布线功能会被激活，自动在 CD 间布线；双击 E、F，重复布线。

重复布线完全复制了上一根线的路径。如果上一根线已经是自动重复布线，将仍旧自动复制该路径。如果上一根线为手工布线，那么将精确复制用于新的线。

(16) 拖线（Dragging Wires）

尽管线一般使用连接和拖的方法，但也有一些特殊方法可以使用。如果拖动线的一个角，该角就随着鼠标指针移动。如果鼠标指向一条线段的中间或两端，就会出现一个角，然后可以拖动。

注意　为了使后者能够工作，线所连的对象不能有标示，否则软件会认为用户想拖该对象。

(17) 移动线段或线段组（To Move a Wire Segment or a Group of Segments）

移动线段或线段组的步骤如下：

① 在需要移动的线段周围拖出一个选择框。若该"框"为一个线段旁的一条线也是可以的。

② 单击"移动"图标（在工具箱里）。

③ 按如图 2.1.5 所示的相反方向垂直于线段移动"选择框"（Tag-Box）。

④ 单击结束。

如果操作错误，可以使用 Undo 命令返回。

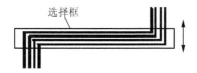

图 2.1.5　移动"选择框"

（18）从线中移走节点（To Remove a Kink from a Wire）

由于对象被移动后节点仍可能留在对象原来位置周围，软件提供一项技术来快速删除线中不需要的节点。具体步骤如下：

① 选中要处理的线。

② 用鼠标指针指向节点一角，按下左键。

③ 拖动该角和自身重合。

④ 松开鼠标左键，软件将从线中移走该节点。

2.1.4　菜单命令简述

以下分别列出主窗口和 4 个输出窗口的全部菜单项。对于主窗口，在菜单项旁边同时列出工具条中对应的快捷鼠标按钮。

1. 主窗口菜单

（1）File（文件）

① New（新建）：新建一个电路文件。

② Open（打开）…：打开一个已有电路文件。

③ Save（保存）：将电路图和全部参数保存在打开的电路文件中。

④ Save As（另存为）…：将电路图和全部参数另存在一个电路文件中。

⑤ Print（打印）…：打印当前窗口显示的电路图。

⑥ Page Setup（页面设置）…：设置打印页面。

⑦ Exit（退出）：退出 Proteus ISIS。

（2）Edit（编辑）

① Rotate（旋转）：旋转一个欲添加或选中的元件。

② Mirror（镜像）：对一个欲添加或选中的元件镜像。

③ Cut（剪切）：将选中的元件、连线或块剪切入裁剪板。

④ Copy（复制）：将选中的元件、连线或块复制入裁剪板。

⑤ Paste（粘贴）：将裁剪板中的内容粘贴到电路图中。

⑥ Delete（删除）：删除元件、连线或块。

⑦ Undelete（恢复）：恢复上一次删除的内容。

⑧ Select All（全选）：选中电路图中全部的连线和元件。

（3）View（查看）

① Redraw（重画）：重画电路。

② Zoom In（放大）：放大电路到原来的 2 倍。

③ Zoom Out（缩小）：缩小电路到原来的 1/2。

④ Full Screen（全屏）：全屏显示电路。

⑤ Default View（缺省）：恢复最初状态大小的电路显示。

⑥ Simulation Message（仿真信息）：显示/隐藏分析进度信息显示窗口。

⑦ Common Toolbar（常用工具栏）：显示/隐藏一般操作工具条。

⑧ Operating Toolbar（操作工具栏）：显示/隐藏电路操作工具条。

⑨ Element Palette（元件栏）：显示/隐藏电路元件工具箱。

⑩ Status Bar（状态信息条）：显示/隐藏状态条。

（4）Place（放置）

① Wire（连线）：添加连线。

② Element（元件）▶：添加元件。

a. Lumped（集总元件）：添加各个集总参数元件。

b. Microstrip（微带元件）：添加各个微带元件。

c. S Parameter（S 参数元件）：添加各个 S 参数元件。

d. Device（有源器件）：添加各个三极管、FET 等元件。

③ Done（结束）：结束添加连线、元件。

（5）Parameters（参数）

① Unit（单位）：打开单位定义窗口。

② Variable（变量）：打开变量定义窗口。

③ Substrate（基片）：打开基片参数定义窗口。

④ Frequency（频率）：打开频率分析范围定义窗口。

⑤ Output（输出）：打开输出变量定义窗口。

⑥ Opt/Yield Goal（优化/成品率目标）：打开优化/成品率目标定义窗口。

⑦ Misc（杂项）：打开其他参数定义窗口。

（6）Simulate（仿真）

① Analysis（分析）：执行电路分析。

② Optimization（优化）：执行电路优化。

③ Yield Analysis（成品率分析）：执行成品率分析。

④ Yield Optimization（成品率优化）：执行成品率优化。

⑤ Update Variables（更新参数）：更新优化变量值。

⑥ Stop（终止仿真）：强行终止仿真。

（7）Result（结果）

① Table（表格）：打开一个表格输出窗口。

② Grid（直角坐标）：打开一个直角坐标输出窗口。

③ Smith（圆图）：打开一个 Smith 圆图输出窗口。

④ Histogram（直方图）：打开一个直方图输出窗口。

⑤ Close All Charts（关闭所有结果显示）：关闭全部输出窗口。

⑥ Load Result（调出已存结果）：调出并显示输出文件。

⑦ Save Result（保存仿真结果）：将仿真结果保存到输出文件。

（8）Tools（工具）

① Input File Viewer（查看输入文件）：启动文本显示程序显示仿真输入文件。

② Output File Viewer（查看输出文件）：启动文本显示程序显示仿真输出文件。

③ Options（选项）：更改设置。

（9）Help（帮助）

① Content（内容）：查看帮助内容。

② Elements（元件）：查看元件帮助。

③ About（关于）：查看软件版本信息。

2. 表格输出窗口（Table）菜单

（1）File（文件）

① Print（打印）…：打印数据表。

② Exit（退出）：关闭窗口。

（2）Option（选项）

Variable（变量）…：选择输出变量。

3. 方格输出窗口（Grid）菜单

（1）File（文件）

① Print（打印）…：打印曲线。

② Page Setup（页面设置）…：打印页面。

③ Exit（退出）：关闭窗口。

（2）Option（选项）

① Variable（变量）…：选择输出变量。

② Coord（坐标）…：设置坐标。

4. Smith 圆图输出窗口（Smith）菜单

（1）File（文件）

① Print（打印）…：打印曲线。

② Page Setup（页面设置）…：打印页面设置。

③ Exit（退出）：关闭窗口。

（2）Option（选项）

Variable（变量）…：选择输出变量。

5. 直方图输出窗口（Histogram）菜单

（1）File（文件）

① Print（打印）…：打印曲线。

② Page Setup（页面设置）…：打印页面设置。

③ Exit（退出）：关闭窗口。

（2）Option（选项）

Variable（变量）…：选择输出变量。

2.1.5　功能分析

1. 使用元件工具箱

Proteus ISIS 主窗口左端的元件工具箱与工具条的作用相似，包含添加全部元器件的快捷图标按钮，与菜单中的元器件添加命令完全对应，用法与工具条一致。通过执行"View"→"Element Palette"命令可以隐藏/显示这个工具箱。

2. 使用状态信息条

Proteus ISIS 主窗口下端的状态条显示当前电路图编辑状态及键盘中几个键的当前状态，这些状态显示便于用户的操作。几个输出窗口下端也有状态条，显示当前鼠标位置对应的坐标值，并随鼠标的移动及时更新，便于用户读图。通过执行"View"→"Status Bar"命令可以隐藏/显示这个状态条。

3. 使用对话框

Proteus ISIS 中全部参数输入均采用对话框完成。各种对话框虽功能不同，但都具有共同的特点。所有对话框均包含按钮、列表框、组合框、编辑框等几种控制，以及"OK"（确定）和"Cancel"（取消）两个特殊按钮。单击"OK"按钮可关闭对话框，并使参数输入生效；单击"Cancel"按钮也可关闭对话框，但使参数输入全部失效。

4. 使用计算器工具

计算器窗口可以计算微带线特性和常规算术运算。

5. 使用仿真信息窗口

Proteus ISIS 的仿真信息窗口显示正在进行的电路仿真的执行状态、出错信息及执行结果，如电路的成品率等。用户可根据这些信息来查错、是否继续做优化、是否应强行终止仿真。通过执行"View"→"Simulation Message"命令可以隐藏/显示这个窗口。

6. 关闭 Proteus ISIS

在主窗口中执行"File"→"Exit"命令，弹出提示框，询问用户是否想关闭 Proteus ISIS，单击"OK"按钮即可关闭 Proteus ISIS。如果当前电路图修改后尚未存盘，在提示框出现前还会询问用户是否存盘。

2.2　Multisim 软件

Multisim 是 Interactive lmage Technologies 公司推出的一款专门用于电子线路仿真和设计的软件，目前在电路分析、仿真与设计应用中比较流行。该软件是一个完整的设计工具系统，提供了一个非常丰富的元件数据库，并提供原理图输入接口，全部的数模 SNCE 仿真功能，VHDL/Verilog 语言编辑功能，FPGA/CPLD 综合开发功能，具有电路设计能力和后处理功能，还可进行从原理图到 PCB 布线的无缝隙数据传输。

Multisim 软件最突出的特点之一是用户界面友好，尤其是多种可放置到设计电路上的虚拟仪表很有特色。这些虚拟仪表主要包括示波器、万用表、功率表、信号发生器、波特图图示仪、失真度分析仪、频谱分析仪、逻辑分析仪和网络分析仪等，从而使电路的仿真分析操作更符合电子工程技术人员的工作习惯。

2.2.1　软件界面及通用环境变量

① 启动操作。启动 Multisim 10 以后，出现如图 2.2.1 所示的界面。

图 2.2.1　Multisim 软件启动界面

② Multisim 10 打开后的主界面如图 2.2.2 所示，主要有菜单栏、工具栏、缩放栏、设计栏、仿真栏、工程栏、元件栏、仪器栏、电路绘制窗口等部分组成。

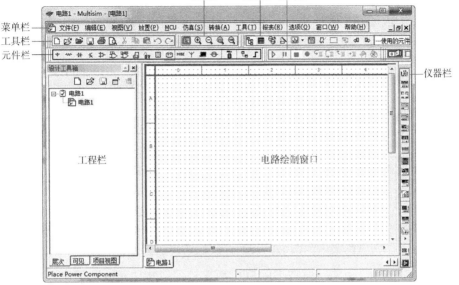

图 2.2.2　Multisim 软件主界面

③ 执行"文件"→"新建"→"原理图"命令，将弹出主设计窗口。

2.2.2　Multisim 软件常用元件库分类

Multisim 软件元件库栏如图 2.2.3 所示。

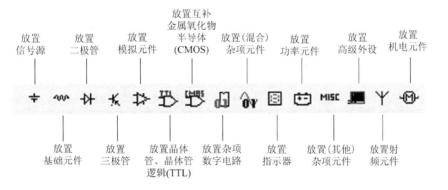

图 2.2.3　Multisim 软件元件库栏

1. 放置信号源

单击"放置信号源"按钮，弹出对话框的"系列"栏内容如表 2.2.1 所示。

表 2.2.1　放置信号源"系列"栏内容

器件	对应名称
电源	POWER_SOURCES
信号电压源	SIGNAL_VOLTAGE_SOURCES
信号电流源	SIGNAL_CURRENT_SOURCES
控制函数器件	CONTROL_FUNCTION_BLOCKS
电压控源	CONTROLLED_VOLTAGE_SOURCES
电流控源	CONTROLLED_CURRENT_SOURCES

① 选中"电源（POWER_SOURCES）"，其"元件"栏内容如表 2.2.2 所示。

表 2.2.2　电源"元件"栏内容

器件	对应名称
交流电源	AC_POWER
直流电源	DC_POWER
数字地	DGND
地线	GROUND
非理想电源	NON_IDEAL_BATTERY
星形三相电源	THREE_PHASE_DELTA
三角形三相电源	THREE_PHASE_WYE
TTL 电源	VCC
COMS 电源	VDD
TTL 地端	VEE
COMS 地端	VSS

② 选中"信号电压源（SIGNAL_VOLTAGE_SOURCES）"，其"元件"栏内容如表 2.2.3 所示。

表 2.2.3　信号电压源"元件"栏内容

器件	对应名称
交流信号电压源	AC_VOLTAGE
调幅信号电压源	AM_VOLTAGE
时钟信号电压源	CLOCK_VOLTAGE
指数信号电压源	EXPONENTIAL_VOLTAGE
调频信号电压源	FM_VOLTAGE
线性信号电压源	PIECEWISE_LINEAR_VOLTAGE
脉冲信号电压源	PULSE_VOLTAGE
噪声信号电压源	WHITE_VOLTAGE

③ 选中"信号电流源（SIGNAL _ CURRENT _ SOURCES）"，其"元件"栏内容如表 2.2.4 所示。

表 2.2.4　信号电流源"元件"栏内容

器件	对应名称
交流信号电流源	AC_CURRENT
调幅信号电流源	AM_CURRENT
时钟信号电流源	CLOCK_CURRENT
指数信号电流源	EXPONENTIAL_CURRENT
调频信号电流源	FM_CURRENT
线性信号电流源	PIECEWISE_LINEAR_CURRENT
脉冲信号电流源	PULSE_CURRENT
噪声信号电流源	WHITE_CURRENT

④ 选中"控制函数器件（CONTROL_FUNCTION_BLOCKS）"，其"元件"栏内容如表 2.2.5 所示。

表 2.2.5　控制函数块"元件"栏内容

器件	对应名称
限流器	CURRENT_LIMITER_BLOCK
除法器	DIVIDE
乘法器	MULTIPLIER
非线性函数控制器	NONLINEAR_DEPENDENT
多项电压控制器	POLYNOMIAL_VOLTAGE
转移函数控制器	TRANSFER_FUNCTION_BLOCK
限制电压控制器	VOLTAGE_CONTROLLED_LIMITER
微分函数控制器	VOLTAGE_DIFFERENTIATOR
增压函数控制器	VOLTAGE_GAIN_BLOCK
滞回电压控制器	VOLTAGE_HYSTERISIS_BLOCK
积分函数控制器	VOLTAGE_INTEGRATOR
限幅器	VOLTAGE_LIMITER
信号响应速率控制器	VOLTAGE_SLEW_RATE_BLOCK
加法器	VOLTAGE_SUMMER

⑤ 选中"电压控源（CONTROLLED_VOLTAGE_SOURCES）"，其"元件"栏内容如表 2.2.6 所示。

表 2.2.6　电压控源"元件"栏内容

器件	对应名称
单脉冲控制器	CONTROLLED_ONE_SHOT
电流控压器	CURRENT_CONTROLLED_VOLTAGE_SOURCE
键控电压器	FSK_VOLTAGE
电压控线性源	VOLTAGE_CONTROLLED_PIECEWISE_LINEAR_SOURCE
电压控正弦波	VOLTAGE_CONTROLLED_SINE_WAVE
电压控方波	VOLTAGE_CONTROLLED_SQUARE_WAVE
电压控三角波	VOLTAGE_CONTROLLED_TRIAGL_WAVE
电压控电压器	VOLTAGE_CONTROLLED_VOLTAGE_SOURCE

⑥ 选中"电流控源（CONTROLLED_CURRENT_SOURCES）"，其"元件"栏内容如表 2.2.7 所示。

表 2.2.7　电流控源"元件"栏内容

器件	对应名称
电流控电流源	CURRENT_CONTROLLED_CURRENT_SOURCE
电压控电流源	VOLTAGE_CONTROLLED_CURRENT_SOURCE

2. 放置基础元件

单击"放置基础元件"按钮，弹出对话框的"系列"栏内容如表 2.2.8 所示。

表 2.2.8　放置基础元件"系列"栏内容

器件	对应名称
基本虚拟元件	BASIC_VIRTUAL
额定虚拟元件	RATED_VIRTUAL
三维虚拟元件	3D_VIRTUAL
电阻器	RESISTOR
贴片电阻器	RESISTOR_SMT
电阻器组件	RPACK
电位器	POTENTIOMETER
电容器	CAPACITOR
电解电容器	CAP_ELECTROLIT
贴片电容器	CAPACITOR_SMT
贴片电解电容器	CAP_ELECTROLIT_SMT
可变电容器	VARIABLE_CAPACITOR
电感器	INDUCTOR
贴片电感器	INDUCTOR_SMT
可变电感器	VARIABLE_INDUCTOR
开关	SWITCH
变压器	TRANSFORMER

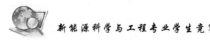

续表

器件	对应名称
非线性变压器	NON_LINEAR_TRANSFORMER
Z 负载	Z_LOAD
继电器	RELAY
连接器	CONNECTORS
插座、管座	SOCKETS

① 选中"基本虚拟元件（BASIC_VIRTUAL）"，其"元件"栏内容如表 2.2.9 所示。

表 2.2.9 基本虚拟元件"元件"栏内容

器件	对应名称
虚拟交流 120 V 常闭继电器	120V_AC_NC_RELAY_VIRTUAL
虚拟交流 120 V 常开继电器	120V_AC_NO_RELAY_VIRTUAL
虚拟交流 120 V 双触点继电器	120V_AC_NONC_RELAY_VIRTUAL
虚拟交流 12 V 常闭继电器	12V_AC_NC_RELAY_VIRTUAL
虚拟交流 12 V 常开继电器	12V_AC_NO_RELAY_VIRTUAL
虚拟交流 12 V 双触点继电器	12V_AC_NONC_RELAY_VIRTUAL
虚拟电容器	CAPACITOR_VIRTUAL
虚拟无磁芯绕阻磁动势控制器	CORELESS_COLL_VIRTUAL
虚拟电感器	INDUCTOR_VIRTUAL
虚拟有磁芯电感器	MAGNETIC_CORE_VIRTUAL
虚拟无磁芯耦合电感器	NLT_VIRTUAL
虚拟电位器	POTENTIOMETER_VIRTUAL
虚拟直流常开继电器	RELAY1A_VIRTUAL
虚拟直流常闭继电器	RELAY1B_VIRTUAL
虚拟直流双触点继电器	RELAY1C_VIRTUAL
虚拟电阻器	RESISTOR_VIRTUAL

续表

器件	对应名称
虚拟半导体电容器	SEMICONDUCTOR_CAPACITOR_VIRTUAL
虚拟半导体电阻器	SEMICONDUCTOR_RESISTOR_VIRTUAL
虚拟带铁芯变压器	TS_VIRTUAL
虚拟可变电容器	VARIABLE_CAPACITOR_VIRTUAL
虚拟可变电感器	VARIABLE_INDUCTOR_VIRTUAL
虚拟可变下拉电阻器	VARIABLE_PULLUP_VIRTUAL
虚拟电压控制电阻器	VOLTAGE_CONTROLLED_RESISTOR_VIRTUAL

　　② 选中"额定虚拟元件（RATED_VIRTUAL）"，其"元件"栏内容如表 2.2.10 所示。

表 2.2.10　额定虚拟元件"元件"栏内容

器件	对应名称
额定虚拟三五时基电路	555_TIMER_RATED
额定虚拟 NPN 晶体管	BJT_NPN_RATED
额定虚拟 PNP 晶体管	BJT_PNP_RATED
额定虚拟电解电容器	CAPACITOR_POL_RATED
额定虚拟电容器	CAPACITOR_RATED
额定虚拟二极管	DIODE_RATED
额定虚拟熔丝管	FUSE_RATED
额定虚拟电感器	INDUCTOR_RATED
额定虚拟蓝发光二极管	LED_BLUE_RATED
额定虚拟绿发光二极管	LED_GREEN_RATED
额定虚拟红发光二极管	LEN_RED_RATED
额定虚拟黄发光二极管	LED_YELLOW_RATED
额定虚拟电动机	MOTOR_RATED
额定虚拟直流常闭继电器	NC_RELAY_RATED
额定虚拟直流常开继电器	NO_RELAY_RATED
额定虚拟直流双触点继电器	NONC_RELAY_RATED
额定虚拟运算放大器	OPAMP_RATED

续表

器件	对应名称
额定虚拟普通发光二极管	PHOTO_DIODE_RATED
额定虚拟光电管	PHOTO_TRANSISTOR_RATED
额定虚拟电位器	POTENTIOMETER_RATED
额定虚拟下拉电阻	PULLUP_RATED
额定虚拟电阻	RESISTOR_RATED
额定虚拟带铁芯变压器	TRANSFORMER_CT_RATED
额定虚拟无铁芯变压器	TRANSFORMER_RATED
额定虚拟可变电容器	VARIABLE_CAPACITOR_RATED
额定虚拟可变电感器	VARIABLE_INDUCTOR_RATED

③ 选中"三维虚拟元件（3D_VIRTUAL）"，其"元件"栏内容如表 2.2.11 所示。

表 2.2.11　三维虚拟元件"元件"栏内容

器件	对应名称
三维虚拟 555 电路	555TIMER_3D_VIRTUAL
三维虚拟 PNP 晶体管	BJT_PNP_3D_VIRTUAL
三维虚拟 NPN 晶体管	BJT_NPN_3D_VIRTUAL
三维虚拟 100 μF 电容器	CAPACITOR_100μF_3D_VIRTUAL
三维虚拟 10 μF 电容器	CAPACITOR_10μF_3D_VIRTUAL
三维虚拟 100 pF 电容器	CAPACITOR_100pF_3D_VIRTUAL
三维虚拟同步十进制计数器	COUNTER_74LS160N_3D_VIRTUAL
三维虚拟二极管	DIODE_3D_VIRTUAL
三维虚拟竖直 1.0 μH 电感器	INDUCTOR1_1.0μH_3D_VIRTUAL
三维虚拟横卧 1.0 μH 电感器	INDUCTOR2_1.0μH_3D_VIRTUAL
三维虚拟红色发光二极管	LED1_RED_3D_VIRTUAL
三维虚拟黄色发光二极管	LED2_YELLOW_3D_VIRTUAL
三维虚拟绿色发光二极管	LED3_GREEN_3D_VIRTUAL
三维虚拟场效应管	MOSFET1_3TEN_3D_VIRTUAL

续表

器件	对应名称
三维虚拟电动机	MOTOR_DC1_3D_VIRTUAL
三维虚拟运算放大器	OPAMP_741_3D_VIRTUAL
三维虚拟 5 k 电位器	POTENTIOMETER1_5K_3D_VIRTUAL
三维虚拟 4－2 与非门	QUAD_AND_GATE_3D_VIRTUAL
三维虚拟 1.0 k 电阻	RESISTOR1_1.0K_3D_VIRTUAL
三维虚拟 4.7 k 电阻	RESISTOR2_4.7K_3D_VIRTUAL
三维虚拟 680 电阻	RESISTOR3_680_3D_VIRTUAL
三维虚拟 8 位移位寄存器	SHIFT_REGISTER_74LS165N_3D_VIRTUAL
三维虚拟推拉开关	SWITCH1_3D_VIRTUAL

④ 选中"电阻器（RESISTOR）"，其"元件"栏中有从 1.0 Ω 到 22 MΩ 全系列的电阻可供调用。

⑤ 选中"贴片电阻器（RESISTOR_SMT）"，其"元件"栏中有从 0.05 Ω 到 20.00 MΩ 系列电阻可供调用。

⑥ 选中"电阻器组件（RPACK）"，其"元件"栏中共有 7 种电阻可供调用。

⑦ 选中"电位器（POTENTIOMETER）"，其"元件"栏中共有 18 种阻值电位器可供调用。

⑧ 选中"电容器（CAPACITOR）"，其"元件"栏中有从 1.0 pF 到 10 μF 系列电容可供调用。

⑨ 选中"电解电容器（CAP_ELECTROLIT）"，其"元件"栏中有从 0.1 μF 到 10 F 系列电解电容可供调用。

⑩ 选中"贴片电容器（CAPACITOR_SMT）"，其"元件"栏中有从 0.5 pF 到 33 nF 系列电容可供调用。

⑪ 选中"贴片电解电容器（CAP_ELECTROLIT_SMT）"，其"元件"栏中共有 17 种贴片电解电容可供调用。

⑫ 选中"可变电容器（VARIABLE_CAPACITOR）"，其"元件"栏中仅有 30 pF、100 pF 和 350 pF 3 种可变电容器可供调用。

⑬ 选中"电感器（INDUCTOR）"，其"元件"栏中有从 1.0 μH

到 9.1 H 全系列电感可供调用。

⑭ 选中"贴片电感器（INDUCTOR_SMT）"，其"元件"栏中共有 23 种贴片电感可供调用。

⑮ 选中"可变电感器（VARIABLE_INDUCTOR）"，其"元件"栏中仅有 3 种可变电感器可供调用。

⑯ 选中"开关（SWITCH）"，其"元件"栏内容如表 2.2.12 所示。

表 2.2.12　开关"元件"栏内容

器件	对应名称
电流控制开关	CURRENT_CONTROLLED_SWITCH
双列直插式开关 1	DIPSW1
双列直插式开关 10	DIPSW10
双列直插式开关 2	DIPSW2
双列直插式开关 3	DIPSW3
双列直插式开关 4	DIPSW4
双列直插式开关 5	DIPSW5
双列直插式开关 6	DIPSW6
双列直插式开关 7	DIPSW7
双列直插式开关 8	DIPSW8
双列直插式开关 9	DIPSW9
按钮开关	PB_DPST
单刀单掷开关	SPDT
单刀双掷开关	SPST
时间延时开关	TD_SW1
电压控制开关	VOLTAGE_CONTROLLED_SWITCH

⑰ 选中"变压器（TRANSFORMER）"，其"元件"栏中共有 20 种变压器可供调用。

⑱ 选中"非线性变压器（NON_LINEAR_TRANSFORMER）"，其"元件"栏中共有 10 种非线性变压器可供调用。

⑲ 选中"Z 负载（Z_LOAD）"，其"元件"栏中共有 10 种负载阻抗可供调用。

⑳ 选中"继电器（RELAY）"，其"元件"栏中共有 96 种直流继电器可供调用。

㉑ 选中"连接器（CONNECTORS）"，其"元件"栏中共有 130 种连接器可供调用。

㉒ 选中"插座、管座（SOCKETS）"，其"元件"栏中共有 12 种插座可供调用。

3. 放置二极管

单击"放置二极管"按钮，弹出对话框的"系列"栏内容如表 2.2.13 所示。

表 2.2.13 放置二极管"系列"栏内容

器件	对应名称
虚拟二极管	DIODES_VIRTUAL
二极管	DIODE
齐纳二极管	ZENER
发光二极管	LED
二极管整流桥	FWB
肖特基二极管	SCHOTTKY_DIODE
单向晶体闸流管	SCR
双向二极管开关	DIAC
双向晶体闸流管	TRIAC
变容二极管	VARACTOR
PIN 结二极管	PIN_DIODE

① 选中"虚拟二极管（DIODES_VIRTUAL）"，其"元件"栏中仅有 2 种虚拟二极管元件可供调用：一种是普通虚拟二极管，另一种是齐纳击穿虚拟二极管。

② 选中"二极管（DIODE）"，其"元件"栏中包括了国外公司提供的 807 种二极管可供调用。

③ 选中"齐纳二极管（即稳压管）（ZENER）"，其"元件"栏中包括了国外公司提供的 1 266 种稳压管可供调用。

④ 选中"发光二极管（LED）"，其"元件"栏中共有 8 种颜色的发光二极管可供调用。

⑤ 选中"二极管整流桥（FWB）"，其"元件"栏中共有 58 种全波桥式整流器可供调用。

⑥ 选中"肖特基二极管（SCHOTTKY_DIODE）"，其"元件"栏中共有 39 种肖特基二极管可供调用。

⑦ 选中"单向晶体闸流管（SCR）"，其"元件"栏中共有 276 种单向晶体闸流管可供调用。

⑧ 选中"双向二极管开关（DIAC）"，其"元件"栏中共有 11 种双向开关二极管（相当于 2 只肖特基二极管并联）可供调用。

⑨ 选中"双向晶体闸流管（TRIAC）"，其"元件"栏中共有 101 种双向晶体闸流管可供调用。

⑩ 选中"变容二极管（VARACTOR）"，其"元件"栏中共有 99 种变容二极管可供调用。

⑪ 选中"PIN 结二极管（PIN_DIODE）（即 Positive-Intrinsic-Negative 结二极管）"，其"元件"栏中共有 19 种 PIN 结二极管可供调用。

4. 放置三极管

单击"放置三极管"按钮，弹出对话框的"系列"栏内容如表 2.2.14 所示。

表 2.2.14 放置三极管"系列"栏内容

器件	对应名称
虚拟晶体管	TRANSISTORS_VIRTUAL
双极结型 NPN 晶体管	BJT_NPN
双极结型 PNP 晶体管	BJT_PNP
NPN 型达林顿管	DARLINGTON_NPN
PNP 型达林顿管	DARLINGTON_PNP
达林顿管阵列	DARLINGTON_ARRAY

续表

器件	对应名称
带阻 NPN 晶体管	BJT_NRES
带阻 PNP 晶体管	BJT_PRES
双极结型晶体管阵列	BJT_ARRAY
MOS 门控开关管	IGBT
N 沟道耗尽型 MOS 管	MOS_3TDN
N 沟道增强型 MOS 管	MOS_3TEN
P 沟道增强型 MOS 管	MOS_3TEP
N 沟道耗尽型结型场效应管	JFET_N
P 沟道耗尽型结型场效应管	JFET_P
N 沟道 MOS 功率管	POWER_MOS_N
P 沟道 MOS 功率管	POWER_MOS_P
MOS 功率对管	POWER_MOS_COMP
UJT 管	UJT
温度模型 NMOSFET 管	THERMAL_MODELS

① 选中"虚拟晶体管（TRANSISTORS_VIRTUAL）"，其"元件"栏中共有 16 种虚拟晶体管可供调用，其中包括 NPN 型、PNP 型晶体管，JFET 和 MOSFET 等。

② 选中"双极结型 NPN 晶体管（BJT_NPN）"，其"元件"栏中共有 658 种晶体管可供调用。

③ 选中"双极结型 PNP 晶体管（BJT_PNP）"，其"元件"栏中共有 409 种晶体管可供调用。

④ 选中"NPN 型达林顿管（DARLINGTON_NPN）"，其"元件"栏中共有 46 种达林顿管可供调用。

⑤ 选中"PNP 型达林顿管（DARLINGTON_PNP）"，其"元件"栏中共有 13 种达林顿管可供调用。

⑥ 选中"达林顿管阵列（DARLINGTON_ARRAY）"，其"元件"栏中共有 8 种集成达林顿管可供调用。

⑦ 选中"带阻 NPN 晶体管（BJT_NRES）"，其"元件"栏中共有 71 种带阻 NPN 晶体管可供调用。

⑧ 选中"带阻 PNP 晶体管（BJT_PRES）"，其"元件"栏中共有 29 种带阻 PNP 晶体管可供调用。

⑨ 选中"双极结型晶体管阵列（BJT_ARRAY）"，其"元件"栏中共有 10 种晶体管阵列可供调用。

⑩ 选中"MOS 门控开关（IGBT）"，其"元件"栏中共有 98 种 MOS 门控的功率开关可供调用。

⑪ 选中"N 沟道耗尽型 MOS 管（MOS_3TDN）"，其"元件"栏中共有 9 种 MOSFET 管可供调用。

⑫ 选中"N 沟道增强型 MOS 管（MOS_3TEN）"，其"元件"栏中共有 545 种 MOSFET 管可供调用。

⑬ 选中"P 沟道增强型 MOS 管（MOS_3TEP）"，其"元件"栏中共有 157 种 MOSFET 管可供调用。

⑭ 选中"N 沟道耗尽型结型场效应管（JFET_N）"，其"元件"栏中共有 263 种 JFET 管可供调用。

⑮ 选中"P 沟道耗尽型结型场效应管（JFET_P）"，其"元件"栏中共有 26 种 JFET 管可供调用。

⑯ 选中"N 沟道 MOS 功率管（POWER_MOS_N）"，其"元件"栏中共有 116 种 N 沟道 MOS 功率管可供调用。

⑰ 选中"P 沟道 MOS 功率管（POWER_MOS_P）"，其"元件"栏中共有 38 种 P 沟道 MOS 功率管可供调用。

⑱ 选中"MOS 功率对管（POWER_MOS_COMP）"，其"元件"栏中共有 18 种 MOS 功率对管可供调用。

⑲ 选中"UJT 管（UJT）"，其"元件"栏中共仅有 2 种 UJT 管可供调用。

⑳ 选中"温度模型 NMOSFET 管（THERMAL_MODELS）"，其"元件"栏中仅有 1 种 NMOSFET 管可供调用。

5. 放置模拟元件

单击"放置模拟元件"按钮，弹出对话框的"系列"栏内容如表 2.2.15 所示。

表 2.2.15　放置模拟元件"系列"栏内容

器件	对应名称
模拟虚拟元件	ANALOG_VIRTUAL
运算放大器	OPAMP
诺顿运算放大器	OPAMP_NORTON
比较器	COMPARATOR
宽带运放	WIDEBAND_AMPS
特殊功能运放	SPECIAL_FUNCTION

① 选中"模拟虚拟元件（ANALOG_ VIRTUAL）"，其"元件"栏中仅有虚拟比较器、三端虚拟运放和五端虚拟运放 3 种规格可供调用。

② 选中"运算放大器（OPAMP）"，其"元件"栏中包括了国外公司提供的多达 4 243 种运放可供调用。

③ 选中"诺顿运算放大器（OPAMP_NORTON）"，其"元件"栏中共有 16 种诺顿运算放大器可供调用。

④ 选中"比较器（COMPARATOR）"，其"元件"栏中共有 341 种比较器可供调用。

⑤ 选中"宽带运放（WIDEBAND_AMPS）"，其"元件"栏中共有 144 种宽带运放可供调用。宽带运放典型值达 100 MHz，主要用于视频放大电路。

⑥ 选中"特殊功能运放（SPECIAL_FUNCTION）"，其"元件"栏中共有 165 种特殊功能运放可供调用，主要包括测试运放、视频运放、乘法器/除法器、前置放大器和有源滤波器等。

6. 放置晶体管、晶体管逻辑（TTL）

单击"放置晶体管、晶体管逻辑（TTL）"按钮，弹出对话框的"系列"栏内容如表 2.2.16 所示。

新能源科学与工程专业学生竞赛指导与实践

表 2.2.16　放置晶体管、晶体管逻辑"系列"栏内容

器件	对应名称
74STD 系列	74STD
74S 系列	74S
74LS 系列	74LS
74F 系列	74F
74ALS 系列	74ALS
74AS 系列	74AS

① 选中"74STD 系列"，其"元件"栏中共有 126 种数字集成电路可供调用。

② 选中"74S 系列"，其"元件"栏中共有 111 种数字集成电路可供调用。

③ 选中"低功耗肖特基 TTL 型数字集成电路（74LS 系列）"，其"元件"栏中共有 281 种数字集成电路可供调用。

④ 选中"74F 系列"，其"元件"栏中共有 185 种数字集成电路可供调用。

⑤ 选中"74ALS 系列"，其"元件"栏中共有 92 种数字集成电路可供调用。

⑥ 选中"74AS 系列"，其"元件"栏中共有 50 种数字集成电路可供调用。

7. 放置互补金属氧化物半导体（CMOS）

单击"放置互补金属氧化物半导体（CMOS）"按钮，弹出对话框的"系列"栏内容如表 2.2.17 所示。

表 2.2.17　放置互补金属氧化物半导体（CMOS）"系列"栏内容

器件	对应名称
CMOS_5V 系列	CMOS_5V
74HC_2V 系列	74HC_2V
CMOS_10V 系列	CMOS_10V
74HC_4V 系列	74HC_4V

续表

器件	对应名称
CMOS_15V 系列	CMOS_15V
74HC_6V 系列	74HC_6V
TinyLogic_2V 系列	TinyLogic_2V
TinyLogic_3V 系列	TinyLogic_3V
TinyLogic_4V 系列	TinyLogic_4V
TinyLogic_5V 系列	TinyLogic_5V
TinyLogic_6V 系列	TinyLogic_6V

① 选中"CMOS_5V 系列"，其"元件"栏中共有 265 种数字集成电路可供调用。

② 选中"74HC_2V 系列"，其"元件"栏中共有 176 种数字集成电路可供调用。

③ 选中"CMOS_10V 系列"，其"元件"栏中共有 265 种数字集成电路可供调用。

④ 选中"74HC_4V 系列"，其"元件"栏中共有 126 种数字集成电路可供调用。

⑤ 选中"CMOS_15V 系列"，其"元件"栏中共有 172 种数字集成电路可供调用。

⑥ 选中"74HC_6V 系列"，其"元件"栏中共有 176 种数字集成电路可供调用。

⑦ 选中"TinyLogic_2V 系列"，其"元件"栏中共有 18 种数字集成电路可供调用。

⑧ 选中"TinyLogic_3V 系列"，其"元件"栏中共有 18 种数字集成电路可供调用。

⑨ 选中"TinyLogic_4V 系列"，其"元件"栏中共有 18 种数字集成电路可供调用。

⑩ 选中"TinyLogic_5V 系列"，其"元件"栏中共有 24 种数字集成电路可供调用。

⑪ 选中"TinyLogic_6V 系列"，其"元件"栏中共有 7 种数字集

成电路可供调用。

8. 放置杂项数字电路

单击"放置杂项数字电路"按钮，弹出对话框的"系列"栏内容如表 2.2.18 所示。

表 2.2.18　放置杂项数字电路"系列"栏内容

器件	对应名称
TIL 系列器件	TIL
数字信号处理器件	DSP
现场可编程器件	FPGA
可编程逻辑电路	PLD
复杂可编程逻辑电路	CPLD
微处理控制器	MICROCONTROLLERS
微处理器	MICROPROCESSORS
用 VHDL 语言编程器件	VHDL
用 Verilog HDL 语言编程器件	VERILOG _ HDL
存储器	MEMORY
线路驱动器件	LINE _ DRIVER
线路接收器件	LINE _ RECEIVER
无线电收发器件	LINE _ TRANSCEIVER

① 选中"TIL 系列器件（TIL）"，其"元件"栏中共有 103 种器件可供调用。

② 选中"数字信号处理器件（DSP）"，其"元件"栏中共有 117 种器件可供调用。

③ 选中"现场可编程器件（FPGA）"，其"元件"栏中共有 83 种器件可供调用。

④ 选中"可编程逻辑电路（PLD）"，其"元件"栏中共有 30 种器件可供调用。

⑤ 选中"复杂可编程逻辑电路（CPLD）"，其"元件"栏中共有 20 种器件可供调用。

⑥ 选中"微处理控制器（MICROCONTROLLERS）"，其"元件"栏中共有 70 种器件可供调用。

⑦ 选中"微处理器（MICROPROCESSORS）"，其"元件"栏中共有 60 种器件可供调用。

⑧ 选中"用 VHDL 语言编程器件（VHDL）"，其"元件"栏中共有 119 种器件可供调用。

⑨ 选中"用 Verilog HDL 语言编程器件（VERILOG_HDL）"，其"元件"栏中共有 10 种器件可供调用。

⑩ 选中"存储器（MEMORY）"，其"元件"栏中共有 87 种器件可供调用。

⑪ 选中"线路驱动器件（LINE_DRIVER）"，其"元件"栏中共有 16 种器件可供调用。

⑫ 选中"线路接收器件（LINE_RECEIVER）"，其"元件"栏中共有 20 种器件可供调用。

⑬ 选中"无线电收发器件（LINE_TRANSCEIVER）"，其"元件"栏中共有 150 种器件可供调用。

9. 放置（混合）杂项元件

单击"放置（混合）杂项元件"按钮，弹出对话框的"系列"栏内容如表 2.2.19 所示。

表 2.2.19　放置（混合）杂项元件"系列"栏内容

器件	对应名称
混合虚拟器件	MIXED_VIRTUAL
555 定时器	TIMER
AD/DA 转换器	ADC_DAC
模拟开关	ANALOG_SWITCH
多频振荡器	MULTIVIBRATORS

① 选中"混合虚拟器件（MIXED_VIRTUAL）"，其"元件"栏内容如表 2.2.20 所示。

表 2.2.20 混合虚拟器件"元件"栏内容

器件	对应名称
虚拟 555 电路	555_VTRTUAL
虚拟模拟开关	ANALOG_SWITCH_VTRTUAL
虚拟频率分配器	FREQ_DIVIDER_VTRTUAL
虚拟单稳态触发器	MONOSTABLE_VTRTUAL
虚拟锁相环	PLL_VTRTUAL

② 选中"555 定时器（TIMER）"，其"元件"栏中共有 8 种 LM555 电路可供调用。

③ 选中"AD/DA 转换器（ADC_DAC）"，其"元件"栏中共有 39 种转换器可供调用。

④ 选中"模拟开关（ANALOG_SWITCH）"，其"元件"栏中共有 127 种模拟开关可供调用。

⑤ 选中"多频振荡器（MULTIVIBRATORS）"，其"元件"栏中共有 8 种振荡器可供调用。

10. 放置指示器

单击"放置指示器"按钮，弹出对话框的"系列"栏内容如表 2.2.21 所示。

表 2.2.21 放置指示器"系列"栏内容

器件	对应名称
电压表	VOLTMETER
电流表	AMMETER
探测器	PROBE
蜂鸣器	BUZZER
灯泡	LAMP
虚拟灯泡	VIRTUAL_LAMP
十六进制显示器	HEX_DISPLAY
条形光柱	BARGRAPH

① 选中"电压表（VOLTMETER）"，其"元件"栏中共有 4 种不同形式的电压表可供调用。

② 选中"电流表（AMMETER）"，其"元件"栏中也有 4 种不同形式的电流表可供调用。

③ 选中"探测器（PROBE）"，其"元件"栏中共有 5 种颜色的探测器可供调用。

④ 选中"蜂鸣器（BUZZER）"，其"元件"栏中仅有 2 种蜂鸣器可供调用。

⑤ 选中"灯泡（LAMP）"，其"元件"栏中共有 9 种不同功率的灯泡可供调用。

⑥ 选中"虚拟灯泡（VIRTUAL_LAMP）"，其"元件"栏中只有 1 种虚拟灯泡可供调用。

⑦ 选中"十六进制显示器（HEX_DISPLAY）"，其"元件"栏中共有 33 种十六进制显示器可供调用。

⑧ 选中"条形光柱（BARGRAPH）"，其"元件"栏中仅有 3 种条形光柱可供调用。

11. 放置（其他）杂项元件

单击"放置（其他）杂项元件"按钮，弹出对话框的"系列"栏内容如表 2.2.22 所示。

表 2.2.22　放置（其他）杂项元件"系列"栏内容

器件	对应名称
其他虚拟元件	MISC_VIRTUAL
传感器	TRANSDUCERS
光电三极管型光耦合器	OPTOCOUPLER
晶振	CRYSTAL
真空电子管	VACUUM_TUBE
熔丝管	FUSE
三端稳压器	VOLTAGE_REGULATOR
基准稳压器件	VOLTAGE_REFERENCE

续表

器件	对应名称
电压干扰抑制器	VOLTAGE_SUPPRESSOR
降压变换器	BUCK_CONVERTER
升压变换器	BOOST_CONVERTER
降压/升压变换器	BUCK_BOOST_CONVERTER
有损耗传输线	LOSSY_TRANSMISSION_LINE
无损耗传输线 1	LOSSLESS_LINE_TYPE1
无损耗传输线 2	LOSSLESS_LINE_TYPE2
滤波器	FILTERS
场效应管驱动器	MOSFET_DRIVER
电源功率控制器	POWER_SUPPLY_CONTROLLER
混合电源功率控制器	MISCPOWER
脉宽调制控制器	PWM_CONTROLLER
网络	NET
其他元件	MISC

① 选中"其他虚拟元件（MISC_VIRTUAL）"，其"元件"栏内容如表 2.2.23 所示。

表 2.2.23   其他虚拟元件"元件"栏内容

器件	对应名称
虚拟晶振	CRYSTAL_VIRTUAL
虚拟熔丝	FUSE_VIRTUAL
虚拟电机	MOTOR_VIRTUAL
虚拟光耦合器	OPTOCOUPLER_VIRTUAL
虚拟电子真空管	TRIODE_VIRTUAL

② 选中"传感器（TRANSDUCERS）"，其"元件"栏中共有 70 种传感器可供调用。

③ 选中"光电三极管型光耦合器（OPTOCOUPLER）"，其"元

件"栏中共有 82 种传感器可供调用。

④ 选中"晶振（CRYSTAL）"，其"元件"栏中共有 18 种不同频率的晶振可供调用。

⑤ 选中"真空电子管（VACUUM_TUBE）"，其"元件"栏中共有 22 种电子管可供调用。

⑥ 选中"熔丝管（FUSE）"，其"元件"栏中共有 13 种不同电流的熔丝管可供调用。

⑦ 选中"三端稳压器（VOLTAGE_REGULATOR）"，其"元件"栏中共有 158 种不同稳压值的三端稳压器可供调用。

⑧ 选中"基准稳压器件（VOLTAGE_REFERENCE）"，其"元件"栏中共有 106 种基准稳压组件可供调用。

⑨ 选中"电压干扰抑制器（VOLTAGE_SUPPRESSOR）"，其"元件"栏中共有 118 种电压干扰抑制器可供调用。

⑩ 选中"降压变压器（BUCK_CONVERTER）"，其"元件"栏中只有 1 种降压变压器可供调用。

⑪ 选中"升压变压器（BOOST_CONVERTER）"，其"元件"栏中也只有 1 种升压变压器可供调用。

⑫ 选中"降压/升压变压器（BUCK_BOOST_CONVERTER）"，其"元件"栏中共有 2 种降压/升压变压器可供调用。

⑬ 选中"有损耗传输线（LOSSY_TRANSMISSION_LINE）"、"无损耗传输线 1（LOSSLESS_LINE_TYPE1）"和"无损耗传输线 2（LOSSLESS_LINE_TYPE2）"，其"元件"栏中都只有 1 种传输线可供调用。

⑭ 选中"滤波器（FILTERS）"，其"元件"栏中共有 34 种滤波器可供调用。

⑮ 选中"场效应管驱动器（MOSFET_DRIVER）"，其"元件"栏中共有 29 种场效应管驱动器可供调用。

⑯ 选中"电源功率控制器（POWER_SUPPLY_CONTROLLER）"，其"元件"栏中共有 3 种电源功率控制器可供调用。

⑰ 选中"混合电源功率控制器（MISCPOWER）"，其"元件"栏中共有 32 种混合电源功率控制器可供调用。

⑱ 选中"脉宽调制控制器（PWM_CONTROLLER）"，其"元件"栏中共有 2 种脉宽调制控制器可供调用。

⑲ 选中"网络（NET）"，其"元件"栏中共有 11 种网络可供调用。

⑳ 选中"其他元件（MISC）"，其"元件"栏中共有 14 种元件可供调用。

12. 放置射频元件

单击"放置射频元件"按钮，弹出对话框的"系列"栏内容如表 2.2.24 所示。

表 2.2.24　放置射频元件"系列"栏

器件	对应名称
射频电容器	RF_CAPACITOR
射频电感器	RF_INDUCTOR
射频双极结型 NPN 管	RF_BJT_NPN
射频双极结型 PNP 管	RF_BJT_PNP
射频 N 沟道耗尽型 MOS 管	RF_MOS_3TDN
射频隧道二极管	TUNNEL_DIODE
射频传输线	STRIP_LINE

① 选中"射频电容器（RF_CAPACITOR）"和"射频电感器（RF_INDUCTOR）"，其"元件"栏中都只有 1 种器件可供调用。

② 选中"射频双极结型 NPN 管（RF_BJT_NPN）"，其"元件"栏中共有 84 种 NPN 管可供调用。

③ 选中"射频双极结型 PNP 管（RF_BJT_PNP）"，其"元件"栏中共有 7 种 PNP 管可供调用。

④ 选中"射频 N 沟道耗尽型 MOS 管（RF_MOS_3TDN）"，其"元件"栏中共有 30 种射频 MOSFET 管可供调用。

⑤ 选中"射频隧道二极管（TUNNEL_DIODE）"，其"元件"栏中共有 10 种射频隧道二极管可供调用。

⑥ 选中"射频传输线（STRIP_LINE）"，其"元件"栏中共有 6

种射频传输线可供调用。

13. 放置机电元件

单击"放置机电元件"按钮，弹出对话框的"系列"栏内容如表 2.2.25 所示。

表 2.2.25　放置机电元件"系列"栏内容

器件	对应名称
检测开关	SENSING_SWITCHES
瞬时开关	MOMENTARY_SWITCHES
接触器	SUPPLEMENTARY_CONTACTS
定时接触器	TIMED_CONTACTS
线圈和继电器	COILS_RELAYS
线性变压器	LINE_TRANSFORMER
保护装置	PROTECTION_DEVICES
输出设备	OUTPUT_DEVICES

① 选中"检测开关（SENSING_SWITCHES）"，其"元件"栏中共有 17 种开关可供调用，并可用键盘上的相关键来控制开关的开或合。

② 选中"瞬时开关（MOMENTARY_SWITCHES）"，其"元件"栏中共有 6 种开关可供调用，动作后会很快恢复为原始状态。

③ 选中"接触器（SUPPLEMENTARY_CONTACTS）"，其"元件"栏中共有 21 种接触器可供调用。

④ 选中"定时接触器（TIMED_CONTACTS）"，其"元件"栏中共有 4 种定时接触器可供调用。

⑤ 选中"线圈和继电器（COILS_RELAYS）"，其"元件"栏中共有 55 种线圈与继电器可供调用。

⑥ 选中"线性变压器（LINE_TRANSFORMER）"，其"元件"栏中共有 11 种线性变压器可供调用。

⑦ 选中"保护装置（PROTECTION_DEVICES）"，其"元件"栏中共有 4 种保护装置可供调用。

⑧ 选中"输出设备（OUTPUT_DEVICES）"，其"元件"栏中共有 6 种输出设备可供调用。

由于功率元件和高级外设在专用电路仿真中才会涉及，因此这两部分内容在本书中不详细展开叙述。至此，电子仿真软件 Multisim 的常用元件库及元器件全部介绍完毕。上述关于元件调用步骤的分析，希望对读者在创建基础仿真电路寻找元件时有一定的帮助。这里还有几点说明：

① 关于虚拟元件，这里指的是现实中不存在的元件，也可以理解为元件参数可以任意修改和设置的元件。比如，一个 1.034 Ω 电阻、2.3 μF 电容等不规范的特殊元件，就可以选择虚拟元件通过设置参数实现；但仿真电路中的虚拟元件不能链接到制版软件 Ultiboard 8.0 的 PCB 文件中进行制版，这一点不同于其他元件。

② 与虚拟元件相对应，我们把现实中可以找到的元件称为真实元件或现实元件。比如，电阻的元件栏中就列出了从 1.0 Ω 到 22 MΩ 的全系列现实中可以找到的电阻。现实电阻只能调用，但不能修改它们的参数（极个别参数可以修改，如晶体管的 β 值）。凡仿真电路中的真实元件都可以自动链接到 Ultiboard 8.0 中进行制版。

③ 电源虽列在现实元件栏中，但它属于虚拟元件，可以任意修改和设置它的参数；电源和地线也都不会进入 Ultiboard 8.0 的 PCB 界面进行制版。

④ 额定元件是指它们允许通过的电流、电压、功率等的最大值都是有限制的。超过它们的额定值，该元件将被击穿烧毁。其他元件都是理想元件，没有定额限制。

⑤ 关于三维元件，电子仿真软件 Multisim 中有 23 个品种，且其参数不能修改，只能搭建一些简单的演示电路，但它们可以与其他元件混合组建仿真电路。

2.2.3　Multisim 软件界面菜单栏、工具栏介绍

软件以图形界面为主，采用菜单、工具栏和热键相结合的方式，具有一般 Windows 应用软件的界面风格，用户可以根据自己的习惯和熟悉程度自如使用。

1. 菜单栏简介

菜单栏位于软件界面的上方，通过菜单可以对 Multisim 的所有功能进行操作。不难看出菜单中有一些与大多数 Windows 平台上的应用软件一致的功能选项，如 File、Edit、View、Options 和 Help。此外，还有一些 EDA 软件专用的选项，如 Place、Simulation、Transfer、Tools 等。

（1）File

File 菜单中包含了对文件和项目的基本操作及打印等命令。

New：建立新文件。

Open：打开文件。

Close：关闭当前文件。

Save：保存。

Save As：另存为。

New Project：建立新项目。

Open Project：打开项目。

Save Project：保存当前项目。

Close Project：关闭项目。

Version Control：版本管理。

Print Circuit：打印电路。

Print Report：打印报表。

Print Instrument：打印仪表。

Recent Files：最近编辑过的文件。

Recent Project：最近编辑过的项目。

Exit：退出 Multisim。

（2）Edit

Edit 命令提供了类似于图形编辑软件的基本编辑功能，用于对电路图进行编辑。

Undo：撤销编辑。

Cut：剪切。

Copy：复制。

Paste：粘贴。

Delete：删除。

Select All：全选。

Flip Horizontal：将所选的元件左右翻转。

Flip Vertical：将所选的元件上下翻转。

90 ClockWise：将所选的元件顺时针 90°旋转。

90 ClockWise CW：将所选的元件逆时针 90°旋转。

Component Properties：元器件属性。

（3）View

用户可以通过 View 菜单决定使用软件时的视图，对一些工具栏和窗口进行控制。

Toolbars：显示工具栏。

Component Bars：显示元器件栏。

Status Bars：显示状态栏。

Show Simulation Error Log/Audit Trail：显示仿真错误记录信息窗口。

Show Xspice Command Line Interface：显示 Xspice 命令窗口。

Show Grapher：显示波形窗口。

Show Simulate Switch：显示仿真开关。

Show Grid：显示栅格。

Show Page Bounds：显示页边界。

Show Title Block and Border：显示标题栏和图框。

Zoom In：放大显示。

Zoom Out：缩小显示。

Find：查找。

（4）Place

用户可通过 Place 命令输入电路图。

Place Component：放置元器件。

Place Junction：放置连接点。

Place Bus：放置总线。

Place Input/Output：放置输入/输出接口。

Place Hierarchical Block：放置层次模块。

Place Text：放置文字。

Place Text Description Box：打开电路图描述窗口，编辑电路图描述文字。

Replace Component：重新选择元器件替代当前选中的元器件。

Place as Subcircuit：放置子电路。

Replace by Subcircuit：重新选择子电路替代当前选中的子电路。

（5）Simulation

用户可以通过 Simulation 菜单执行仿真分析命令。

Run：执行仿真。

Pause：暂停仿真。

Default Instrument Settings：设置仪表的预置值。

Digital Simulation Settings：设定数字仿真参数。

Instruments：选用仪表（也可通过工具栏选择）。

Analyses：选用各项分析功能。

Postprocess：启用后处理。

VHDL Simulation：进行 VHDL 仿真。

Auto Fault Option：自动设置故障选项。

Global Component Tolerances：设置所有器件的误差。

（6）Transfer

Transfer 菜单提供的命令可以完成 Multisim 对其他 EDA 软件需要的文件格式的输出。

Transfer to Ultiboard：将所设计的电路图转换为 Ultiboard 软件所支持的文件格式。

Transfer to other PCB Layout：将所设计的电路图转换为其他电路板设计软件所支持的文件格式。

Backannotate From Ultiboard：将在 Ultiboard 中所做的修改标记到正在编辑的电路中。

Export Simulation Results to MathCAD：将仿真结果输出到 MathCAD。

Export Simulation Results to Excel：将仿真结果输出到 Excel。

Export Netlist：输出电路网表文件。

（7）Tools

Tools 菜单主要提供元器件的编辑与管理的命令。

Create Components：新建元器件。

Edit Components：编辑元器件。

Copy Components：复制元器件。

Delete Component：删除元器件。

Database Management：启动元器件数据库管理器，进行数据库的编辑管理工作。

Update Component：更新元器件。

（8）Options

通过 Options 菜单可以对软件的运行环境进行定制和设置。

Preference：设置操作环境。

Modify Title Block：编辑标题栏。

Simplified Version：设置简化版本。

Global Restrictions：设定软件整体环境参数。

Circuit Restrictions：设定编辑电路的环境参数。

（9）Help

Help 菜单提供了对 Multisim 的在线帮助和辅助说明。

Multisim Help：Multisim 的在线帮助。

Multisim Reference：Multisim 的参考文献。

Release Note：Multisim 的发行申明。

About Multisim：Multisim 的版本说明。

2. 工具栏简介

Multisim 提供了多种工具栏，并以层次化的模式加以管理，用户可以通过 View 菜单中的选项方便地将顶层的工具栏打开或关闭，再通过顶层工具栏中的按钮来管理和控制下层的工具栏。通过工具栏，用户可以方便、直接地使用软件的各项功能。

（1）顶层工具栏

顶层的工具栏有：Standard 工具栏、Design 工具栏、Zoom 工具栏、Simulation 工具栏。

① Standard 工具栏包含了常见的文件操作和编辑操作。

② Design 工具栏作为设计工具栏是 Multisim 的核心工具栏，通过对该工作栏按钮的操作，可以完成对电路从设计到分析的全部工作。其中的按钮可以直接开关下层的工具栏：Component 中的 Multisim Master 工具栏、Instrument 工具栏。

a. 作为元器件（Component）工具栏中的一项，可以在 Design 工具栏中通过按钮来开关 Multisim Master 工具栏。该工具栏有 14 个按钮，每个按钮都对应一类元器件，其分类方式和 Multisim 元器件数据库中的分类相对应，通过按钮上的图标就可大致清楚该类元器件的类型。具体的内容可以从 Multisim 软件的在线文档中获取。

这个工具栏作为元器件的顶层工具栏，每一个按钮又可以开关下层的工具栏，下层工具栏是对该类元器件更细致分类的工具栏。以第一个按钮为例，这个按钮可以开关电源和信号源类的 Sources 工具栏，如图 2.2.4 所示。

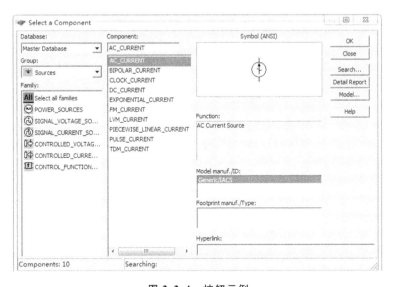

图 2.2.4　按钮示例

b. Instrument 工具栏集中了 Multisim 软件为用户提供的所有虚拟仪器仪表，用户可以通过按钮选择自己需要的仪器对电路进行观测。

③ 用户可以通过 Zoom 工具栏方便地调整所编辑电路的视图大小。

④ Simulation 工具栏可以控制电路仿真的开始、结束和暂停。

（2）虚拟仪器

对电路进行仿真运行，通过对运行结果的分析，判断设计是否正确合理，是 EDA 软件的一项主要功能。为此，Multisim 软件为用户提供了类型丰富的虚拟仪器，可以从 Design 工具栏中的 Instrument 工具栏，或用菜单命令"Simulation"→"Instrument"选用 11 种仪表。在选用后，各种虚拟仪表都以面板的方式显示在电路中。

下面将 11 种虚拟仪器的名称总结如下：

Multimeter：万用表。

Function Generator：波形发生器。

Wattmeter：功率表。

Oscilloscope：示波器。

Bode Plotter：波特图图示仪。

Word Generator：字元发生器。

Logic Analyzer：逻辑分析仪。

Logic Converter：逻辑转换仪。

Distortion Analyzer：失真度分析仪。

Spectrum Analyzer：频谱仪。

Network Analyzer：网络分析仪。

第 3 章
中国"互联网＋"
大学生创新创业大赛

3.1 竞赛简介

中国"互联网＋"大学生创新创业大赛，旨在深化高等教育综合改革，激发大学生的创造力，培养造就"大众创业、万众创新"的主力军；推动赛事成果转化，促进"互联网＋"新业态形成，服务经济提质增效升级；以创新引领创业、创业带动就业，推动高校毕业生更高质量创业就业。

1. 指导思想与目的

① 以赛促教，探索人才培养新途径。全面推进高校课程思政建设，深化创新创业教育改革，引领各类学校人才培养范式深刻变革，建构素质教育发展新格局，形成新的人才培养质量观和质量标准，切实提高学生的创新精神、创业意识和创新创业能力。

② 以赛促学，培养创新创业生力军。服务构建新发展格局和高水平自立自强，激发学生的创造力，激励广大青年扎根中国大地、了解国情民情，在创新创业中增长智慧才干，坚定执着追理想，实事求是闯新路，把激昂的青春梦融入伟大的中国梦，努力成长为德才兼备的有为人才。

③ 以赛促创，搭建产教融合新平台。把教育融入经济社会产业发展，推动互联网、大数据、人工智能等领域成果转化和产学研用融合，促进教育链、人才链与产业链、创新链有机衔接，以创新引领创业、以创业带动就业，努力形成高校毕业生更高质量创业就业的新局面。

2. 竞赛特点与特色

本赛道针对企业行业技术与管理创新需求，面向产业代表性企业、行业龙头企业等大型企业征集命题，由参赛团队自由选择命题揭榜并提交对策，旨在加强产学研深度融合。

3. 组织运行模式

① 大赛由教育部、中央统战部、中央网络安全和信息化委员会办公室、国家发展和改革委员会、工业和信息化部、人力资源和社会保障部、农业农村部、中国科学院、中国工程院、国家知识产权局、国家乡村振兴局、共青团中央和省级政府共同主办，高校及其所在地市级政府

承办。

② 大赛设立组织委员会（简称"大赛组委会"），由教育部和省级政府主要负责同志担任主任，教育部和省分管领导担任副主任，教育部高等教育司主要负责同志担任秘书长，有关部门（单位）负责人作为成员，负责大赛的组织实施。

③ 大赛设立专家委员会，负责项目评审等工作。

④ 大赛设立纪律与监督委员会，负责对赛事组织、参赛项目评审、协办单位相关工作等进行监督，对违反大赛纪律的行为予以处理。

⑤ 大赛总决赛由中国建设银行冠名支持，各省级教育行政部门可积极争取中国建设银行分支机构对省级赛事的赞助支持。

⑥ 各省级教育行政部门可成立相应的赛事机构，负责本地比赛的组织实施、项目评审和推荐等工作。

4. 参赛单位

① 普通高等学校在校生（可为本专科生、研究生，不含在职生）、毕业 5 年以内的毕业生（不含在职生）。

② 职业院校（含职业教育本科、高职高专、中职中专）学生（不含在职生）、国家开放大学学历教育学生（不超过 30 周岁）。

③ 职业院校全日制在校学生或毕业 5 年以内的毕业生、国家开放大学学历教育在读学生或毕业 5 年以内的毕业生。

④ 普通高级中学在校学生。

⑤ 中国港澳台地区及国际赛道的参赛对象说明请见官网。

5. 参赛队和参赛学生

本赛道以团队为单位报名参赛，每支参赛团队只能选择一道题参加比赛，允许跨校组建参赛团队，每个团队的成员不少于 3 人，原则上不多于 15 人（含团队负责人），且参赛人员（不含师生共创参赛项目成员中的教师）年龄不超过 35 岁，且须为揭榜答题的实际核心成员。参赛申报人须为团队负责人，根据参赛申报人的学籍或学历确定其所代表的参赛学校，且代表的参赛学校具有唯一性。

参赛团队须对提交的答题材料拥有自主知识产权，不得侵犯他人知识产权或物权，抄袭、盗用、提供虚假材料或违反相关法律法规的，一经发现即刻丧失参赛相关权利并自负一切法律责任。

6. 辅导教师

每支队伍不超过 2 位指导教师，每位老师指导的队伍不超过 3 支。

7. 竞赛时间和竞赛周期

报名系统开放时间为每年 4 月中旬，报名截止时间由各地根据复赛安排自行决定。国际参赛项目通过全球青年创新领袖共同体促进会官网进行报名（网址：www.pilcchina.org），具体安排另行通知。

8. 竞赛方式

① 参赛报名（每年 4 月）。各省级教育行政部门及各有关学校负责审核参赛对象资格。参赛团队可通过登录"全国大学生创业服务网"（网址：cy.ncss.cn）或微信公众号（名称为"全国大学生创业服务网"或"中国互联网＋大学生创新创业大赛"）任一方式进行报名。服务网的资料下载板块可下载学生操作手册指导报名参赛，微信公众号可进行赛事咨询。

② 初赛、复赛（每年 6—8 月）。各地各学校登录"全国大学创业服务网"进行大赛管理和信息查看。省级管理用户使用大赛组委会统一分配的账号进行登录，校级账号由各省级管理用户进行管理。初赛、复赛的比赛环节、评审方式等由各校、各地自行决定，赛事组织须符合本地常态化疫情防控要求并制定应急预案。各地应在 9 月前完成省级复赛，并完成入围总决赛的项目遴选工作（推荐项目应有名次排序，供总决赛参考）。国际参赛项目的遴选推荐工作另行安排。

③ 总决赛（每年 10 月下旬）。大赛设金奖、银奖、铜奖和各类单项奖；另设高校集体奖、省市组织奖和优秀导师奖等。评审规则可登录"全国大学生创业服务网"查看。大赛专家委员会对入围总决赛项目进行网上评审，择优选拔项目进行总决赛现场比赛，决出各类奖项。

大赛组委会通过"全国大学生创业服务网、教育部大学生就业服务网（新职业网）"为参赛团队提供项目展示、创业指导、投资对接、人才招聘等服务，各项目团队可登录上述网站查看相关信息，各地可利用网站提供的资源，为参赛团队做好服务。

9. 竞赛规则

① 大赛主要采用校级初赛、省级复赛、总决赛三级赛制（不含萌芽赛道及国际参赛项目）。校级初赛由各院校负责组织，省级复赛由各

地负责组织，总决赛由各地按照大赛组委会确定的配额择优遴选推荐项目。大赛组委会将综合考虑各地报名团队数（含邀请国际参赛项目数）、参赛院校数和创新创业教育工作情况等因素分配总决赛名额。

② 大赛共产生 3 200 个项目入围总决赛（港澳台地区参赛名额单列），其中高教主赛道 2 000 个（国内项目 1 500 个、国际项目 500 个）、"青年红色筑梦之旅"赛道 500 个、职教赛道 500 个、萌芽赛道 200 个。

③ 高教主赛道每所高校入选总决赛项目总数不超过 5 个，"青年红色筑梦之旅"赛道、职教赛道、萌芽赛道每所院校入选总决赛项目各不超过 3 个。

10. 评审工作与要求

评审工作与要求如表 3.1.1 所示。

表 3.1.1　评审工作与要求

评审要点	评审内容	分值
创新维度	① 具有原始创新或技术突破，取得一定数量和质量的创新成果（专利、创新奖励、行业认可等）； ② 在商业模式、产品服务、管理运营、市场营销、工艺流程、应用场景等方面取得突破和创新	30
团队维度	① 团队成员的教育、实践、工作背景、创新能力、价值观念等情况； ② 团队的组织构架、分工协作、能力互补、人员配置、股权结构及激励制度合理性情况； ③ 团队与项目关系的真实性、紧密性，团队对项目的各类投入情况，团队未来投身创新创业的可能性情况； ④ 支撑项目发展的合作伙伴等外部资源的使用及与项目关系的情况	25
商业维度	① 商业模式设计完整、可行，项目已具备盈利能力或具有较好的盈利潜力； ② 项目目标市场容量及市场前景，项目与市场需求匹配情况，项目的市场、资本、社会价值情况，项目落地执行情况； ③ 对行业、市场、技术等方面有翔实调研，并形成可靠的一手材料，强调实地调查和实践检验； ④ 项目对相关产业升级或颠覆的情况，项目与区域经济发展、产业转型升级相结合情况	20

续表

评审要点	评审内容	分值
就业维度	① 项目直接提供就业岗位的数量和质量； ② 项目间接带动就业的能力和规模	10
引领教育	① 项目的产生与执行充分展现团队的创新意识、思维和能力，体现团队成员解决复杂问题的综合能力和高级思维； ② 突出大赛的育人本质，充分体现项目成长对团队成员创新创业精神、意识、能力的锻炼和提升作用； ③ 项目充分体现多学科交叉、专创融合、产学研协同创新等发展模式； ④ 项目所在院校在项目的培育、孵化等方面的支持情况； ⑤ 团队创新创业精神与实践的正向带动和示范作用	15

11. 关于报名费

全国竞赛组委会不向参赛单位和参赛队收取报名费。赛区竞赛组委会应积极办理收费许可，适当收取报名费。参赛单位统一向赛区竞赛组委会交纳报名费，每队的报名费金额由赛区竞赛组委会根据组织工作的需要自行确定。

12. 其他

① 全国竞赛组委会组织开展的全国性专题邀请赛章程有另文细述。

② 本简章的具体解释权归中国"互联网＋"大学生创新创业大赛竞赛组织委员会。

3.2 参赛要求

中国"互联网＋"大学生创新创业大赛项目众多，具体要求如下。

① 参赛项目能够将移动互联网、云计算、大数据、人工智能、物联网、下一代通信技术、区块链等新一代信息技术与经济社会各领域紧密结合，服务新型基础设施建设，培育新产品、新服务、新业态、新模式；发挥互联网在促进产业升级及信息化和工业化深度融合中的作用，促进制造业、农业、能源、环保等产业转型升级；发挥互联网在社会服务中的作用，创新网络化服务模式，促进互联网与教育、医疗、交通、金融、消费生活等深度融合。

② 参赛项目须真实、健康、合法，无任何不良信息，项目立意应弘扬正能量，践行社会主义核心价值观。参赛项目不得侵犯他人知识产权；所涉及的发明创造、专利技术、资源等必须拥有清晰合法的知识产权或物权；抄袭盗用他人成果、提供虚假材料等违反相关法律法规的行为，一经发现即丧失参赛相关权利并自负一切法律责任。

③ 参赛项目涉及他人知识产权的，报名时须提交完整的具有法律效力的所有人书面授权许可书等；已在主管部门完成登记注册的创业项目，报名时须提交营业执照、登记证书、组织机构代码证等相关证件的扫描件、单位概况、法定代表人情况、股权结构等。参赛项目可提供当前真实财务数据、已获投资情况、带动就业情况等相关证明材料。在大赛通知发布前，已获投资 1 000 万元及以上或在之前任意一个年度的收入达到 1 000 万元及以上的参赛项目，请在总决赛时提供投资协议、投资款证明等佐证材料。

④ 参赛项目不得含有任何违反《中华人民共和国宪法》及其他法律、法规的内容。须尊重中国文化，符合公序良俗。

⑤ 参赛项目根据各赛道相应的要求，只能选择一个符合要求的赛道报名参赛。已获本大赛往届总决赛各赛道金奖和银奖的项目，不可报名参加本届大赛。

3.3 竞赛奖项设置

高教主赛道：中国大陆参赛项目设金奖 50 个、银奖 100 个、铜奖 450 个，中国港澳台地区参赛项目设金奖 5 个、银奖 15 个、铜奖另定，国际参赛项目设金奖 40 个、银奖 60 个、铜奖 300 个；设最佳带动就业奖、最佳创意奖、最具商业价值奖、最具人气奖等若干单项奖；设高校集体奖 20 个、省市优秀组织奖 10 个（与职教赛道合并计算）和优秀创新创业导师若干名。

“青年红色筑梦之旅”赛道：设金奖 15 个、银奖 45 个、铜奖 140 个；设乡村振兴奖、社区治理奖、逐梦小康奖等单项奖若干；设高校集体奖 20 个、省市优秀组织奖 8 个和优秀创新创业导师若干名。

职教赛道：设金奖 15 个、银奖 45 个、铜奖 140 个；设院校集体奖 20 个、省市优秀组织奖 10 个（与高教主赛道合并计算）和优秀创新创业导师若干名。

萌芽赛道：设创新潜力奖 20 个和单项奖若干个。

3.4 获奖作品示例

获奖作品以"管道全景检测机器人"为例，其主要功能为检测石油
管路是否存在破损情况。

1. 获奖情况

作品"管道全景检测机器人"荣获第四届中国"互联网＋"大学生
创新创业大赛铜奖。

2. 作品实物

"管道全景检测机器人"作品实物如图 3.4.1 所示。

图 3.4.1　管道全景检测机器人

3. 作品简介

苏州赛克安信息技术有限公司自主研发生产管道全景检测机器人系
统，并向中石油、中石化、中海油等企业提供长输管道内表面环焊焊缝
检测服务。公司以学校"工业智能计算与安全联合实验室"为依托，目
前正在申请多项发明专利。"管道全景检测机器人"经科技查新报告证
明为国内首创，并且获得首届江苏人工智能创新创业大赛一等奖；"焊
接管件 X 射线 DR 检测系统及配套技术"经中国石油工程建设协会评
选，荣获"科技进步奖"，并被鉴定达到国际先进水平。

公司以"引领管道检测技术革新、助推管道建设腾飞"为使命，专注管道检测技术的研发，以及为客户提供更优质的服务，努力为长输管道的建设保驾护航。创业初期，公司目标是在以中石油、中石化、中海油为中心的长输管道检测领域推广公司服务；安全度过创业低谷期以后，逐步巩固和扩大市场，向多种型号管道检测方向拓展，成为业内龙头企业，走出国门，走向世界。

4. 获奖证书

获奖证书如图 3.4.2 所示。

图 3.4.2　获奖证书

5. 相关成果

相关成果证书如图 3.4.3 所示。

图 3.4.3　相关成果证书

第4章
全国大学生节能减排
社会实践与科技竞赛

4.1 竞赛简介

全国大学生节能减排社会实践与科技竞赛是由教育部高等学校能源动力类专业教学指导委员会指导，全国大学生节能减排社会实践与科技竞赛委员会主办的学科竞赛。该竞赛充分体现了"节能减排、绿色能源"的主题，紧密围绕国家能源与环境政策，紧密结合国家重大需求，在教育部的直接领导和广大高校的积极协作下，起点高、规模大、精品多、覆盖面广，是一项具有导向性、示范性和群众性的全国大学生竞赛。

1. 指导思想与目的

大学生节能减排社会实践与科技竞赛是节能减排全民行动的重要组成部分。举办竞赛目的在于，通过竞赛进一步加强节能减排重要意义的宣传，增强大学生节能环保意识、科技创新意识和团队协作精神，扩大大学生科学视野，提高大学生创新设计能力、工程实践能力和社会调查能力。节能减排竞赛由教育部高等教育司主办，委托教育部高等学校能源动力学科教学指导委员会组织，部分高校承办，赞助企业协办。

2. 组织运行模式

节能减排竞赛设竞赛委员会，竞赛委员会下设组织委员会和专家委员会。竞赛委员会由教育部高等教育司聘请教育部高等学校能源动力学科教学指导委员会委员、部分高校有关负责人与专家教授组成。设主任委员 1 名，副主任委员若干名，秘书长 1 名，委员若干名，聘期 3 年。秘书处设在浙江大学。根据工作需要，竞赛委员会可聘请顾问若干名。

3. 组织领导

全国大学生节能减排社会实践与科技竞赛由教育部高等教育司和信息产业部人事司共同主办，负责领导全国范围内的竞赛工作。各地竞赛事宜由地方教育局统一领导。为保证竞赛顺利开展，组建全国及各赛区竞赛组织委员会和专家组。

4. 组织委员会

组织委员会由承办单位有关人员组成。设主任委员 1 名，副主任委员若干名，委员若干名，并根据工作需要下设若干工作组。具体组织形式由承办单位自定。组织委员会工作职责如下：

① 根据竞赛委员会的决定，实施竞赛的组织筹备工作。

② 负责具体组织实施竞赛的全过程。

③ 负责竞赛所需的经费。经费的筹集、管理和使用必须符合国家相关的法律、法规及学校的相关财务制度。

5．专家委员会

专家委员会成员由竞赛委员会聘请。设顾问若干名，主任委员 1 名，副主任委员若干名，委员若干名，秘书长 1 名。专家委员会工作职责主要如下：

① 根据评审规则制定本次竞赛的评审实施细则。

② 对参赛作品进行评审，并确定获奖作品等级。

③ 负责处理竞赛过程中的有关专业技术问题。

6．参赛单位

以高等学校为参赛单位，每所高校限报 15 项作品（高校间可混合组队参赛并提交作品，但作品按署名第一高校进行统计），申报作品时须对所有作品进行排序以作评审参考。

7．参赛队和参赛学生

参赛学校为普通高等院校。参赛队员应为在竞赛报名起始日前正式注册的全日制非成人教育的高等院校在校中国籍专科生、本科生、研究生（不含在职研究生）。

申报参赛的作品以小组申报，每个小组不超过 7 人。

8．辅导教师

对于赛前辅导教师的辛勤工作，应按照教育部高等教育司下发的《关于鼓励教师积极参与指导大学生科技竞赛活动的通知》（教高司函〔2003〕165 号）精神，承认并计算其工作量。

9．竞赛时间和竞赛周期

全国大学生节能减排社会实践与科技竞赛每年举办一次，原则上申报时间为 1 月份，竞赛时间为 8 月份。大学生节能减排社会实践与科技竞赛，于 2008 年第一次在浙江大学举办，获得圆满成功。之后每年都从上一届比赛中挑选一所优胜学校举办下一届竞赛。

10. 竞赛方式

参赛选手需在规定时间内提交作品。

① 电子版。请各参赛高校将竞赛作品申报书于每年 6 月底前进行网上提交（过时系统将自动关闭，未按时在网上提交者视为自动放弃）。

② 纸质版。请以学校为单位，将所有参赛作品的纸质版（一式 2 份）于 7 月初前邮寄至竞赛组委会（以邮戳为准），另请一并寄送一张加盖学校公章的汇总表，务必将所有作品进行排序。对于纸质版材料，科技作品设计说明书请附在科技作品类申报书后面一并装订，社会实践调查报告请附在社会实践类申报书后面一并装订，统一邮寄到竞赛组委会。

网上申报材料与纸质申报材料的版本内容，请保持一致！请务必注意：申报材料中，参赛学生、指导教师及其排序以网上提交截止时间的最终版本为准，不得更改（姓名中如出现错字，可凭身份证复印件加盖单位公章证明后，进行更正）。作品名称如需调整，须经全国大学生节能减排社会实践与科技竞赛专家委员会审定。

11. 竞赛规则

竞赛作品分为"社会实践调查"和"科技制作"两类，倡导大学生深入社会调查，发现国家重大需求，启发创新思维，形成发明专利。将人文素养融合到科学知识技能之中，使学以致用不仅体现于头脑风暴，而且展现在精巧创造。竞赛吸引了海内外 250 多所高校，已经形成了"百所高校，千件作品，万人参赛"的国际性规模。

12. 竞赛题目

紧扣竞赛主题，作品包括实物制作（含模型）、软件、设计和社会实践调研报告等，体现新思想、新原理、新方法及新技术。

13. 竞赛报名

参赛单位在 5 月底前将加盖学校公章的《高校报名表》邮寄给竞赛组委会（报名时间以邮戳为准），同时将电子版发送到组委会联系邮箱。

14. 评审工作与要求

作品初审：初定时间为每年 5 月下旬，大赛组委会组织专家在网上进行作品初评。

专家会评：初定于 5 月下旬至 6 月中旬，举行专家会评，确定入围决赛作品名单及其他获奖作品名单。

作品公示：通过会评的作品，进行为期 10 天的公示。

根据竞赛评奖模式，竞赛评审分赛区和全国两级评审，按本科生组和高职高专学生组的相应标准分别开展评审工作。赛区的竞赛评审工作由赛区组委会组织、赛区专家组执行，须严格按照全国专家组制定的统一评分及测试标准执行，并在全国统一评分及测试标准基础上制定赛区的评分标准及测试细则。每个测试组至少由三位赛区评审专家组成，每位评审专家的原始评分及测试记录必须保留在赛区组委会。赛区向全国组委会推荐申请全国奖代表队时，必须将报奖队的设计报告、有赛区评审组每位评审专家签字的各项详细原始测试数据及评分记录、登记表和推荐表一并上报，否则不受理评奖。各赛区评分及测试细则需要上报全国组委会秘书处备案，以备全国评审时参考。

全国竞赛评审工作原则上由一个专家组在一地完成。全国竞赛评审分为初评和复评两个阶段。全国竞赛组委会负责组成全国竞赛评审专家组，对各赛区按比例推荐上报的优秀代表队的作品，按照命题时制定的全国统一评分及测试标准，参考赛区评审原始记录进行初评。

全国一等奖候选队一律集中在一地参加复评，原则上不再另行命题，以原竞赛题目为基础，由专家组确定测试内容和方式，参加复评的代表队名单以全国竞赛组委会届时公布的有关通知为准。

15. 关于报名费

全国竞赛组委会不向参赛单位和参赛队收取报名费。赛区竞赛组委会应积极办理收费许可，适当收取报名费。参赛单位统一向赛区竞赛组委会交纳报名费，每队的报名费金额由赛区竞赛组委会根据组织工作的需要自行确定，原则上不超过 200 元。报名费只限用于当年竞赛的组织工作。进入决赛的队伍需要收取一定费用用于筹备下一届的比赛，每支参赛队伍 2 500 元。

16. 其他

① 全国竞赛组委会组织开展的全国性专题邀请赛章程有另文细述。

② 本简章的具体解释权归全国大学生节能减排社会实践与科技竞赛组织委员会。

4.2   参赛要求

全国大学生节能减排社会实践与科技竞赛的参赛要求如下。

① 学生自愿组合，至多 7 人一队，由所在学校统一向赛区组委会报名。每所学校的参赛队最多为 15 支。

② 为鼓励不同类型的高校和不同专业或专业方向的学生都能参加竞赛，全国竞赛专家组根据命题原则，将统一编制若干个竞赛题目，供参赛学生选用。

③ 竞赛所需场地、仪器设备、元器件或耗材原则上由参赛学校负责提供。

4.3   竞赛奖项设置

① 竞赛设立等级奖、单项奖和优秀组织奖三类奖项。

② 等级奖设特等奖（可空缺）、一等奖、二等奖、三等奖。各等级的获奖比例由竞赛委员会根据参赛规模的实际情况确定。

③ 单项奖由专家委员会提出设立，报竞赛委员会批准。

④ 本届比赛将特设创新创业项目奖，该奖项将由往届获奖高校推荐申报，由专家委员会审核、竞赛委员会批准，具体形式和要求将在官方网站公布。

⑤ 优秀组织奖由组委会对竞赛组织中表现突出的单位进行提名，报竞赛委员会讨论通过后确定。

4.4   获奖作品示例

获奖作品以"VCM 系统能量回收改良"为例，其结构是根据 VCM 系统能量回收原理进行改进的，且通过测试，达到了性能提升的效果。

1. 获奖情况

作品"VCM 系统能量回收改良"荣获第十四届全国大学生节能减

排社会实践与科技竞赛一等奖。

2. 作品模型

"VCM 系统能量回收改良"作品模型如图 4.4.1 所示。

图 4.4.1　"VCM 系统能量回收改良"作品模型

3. 作品简介

新型节能双曲轴发动机是一款在 VCM 发动机基础上经过改良后设计出来的发动机。该款发动机能够大幅减少变缸发动机停缸后的摩擦损失并回收停缸侧飞轮的能量。该作品有两大创新：① 设计了双曲轴结构，实现一侧绝对意义上的停缸，减少原先发动机的摩擦损失；② 设计了新型离合器来控制停缸侧曲轴的连接与切断，实现能量回收。

4. 获奖证书

获奖证书如图 4.4.2 所示。

图 4.4.2　获奖证书

115

第 5 章
中国可再生能源学会
大学生优秀科技作品竞赛

5.1 竞赛简介

中国可再生能源学会大学生优秀科技作品竞赛由中国可再生能源学会主办，全国新能源科学与工程专业联盟及联盟成员高校承办，赞助企业协办。竞赛每年举办一次。

1. 指导思想与目的

中国可再生能源学会大学生优秀科技作品竞赛，旨在认真贯彻落实党中央关于科技创新的决策部署，激励大学生积极投身科教兴国的伟大实践，引导大学生把创新激情与国家能源发展战略需求相结合，树立创新精神，不断推进大学生科技创新行动，提高创新实践能力。

2. 竞赛特点与特色

中国可再生能源学会大学生优秀科技作品竞赛以"绿色能源、创新引领"为主题。竞赛分为 2 个平行赛道：赛道一为"科技作品竞赛"，主要内容涉及太阳能、风能、生物质能、地热能、氢能、海洋能、天然气水合物、可再生能源发电并网、储能等科技作品，包括实物制作（含模型）、软件、设计等，体现新思想、新原理、新方法及新技术；赛道二为"绿色能源商业模拟挑战赛"，在当前电力市场化改革和绿色低碳发展的大背景下，可再生能源发电的比例不断提升，大赛利用虚拟仿真技术，对可再生能源企业的商业模式设计、市场营销管理、电力交易的过程进行模拟决策对抗，促进学生的创新创业能力培养。

3. 组织运行模式

中国可再生能源学会大学生优秀科技作品竞赛设竞赛委员会和竞赛评审委员会。竞赛委员会设主任委员 1 名，副主任委员若干名，秘书长 1 名，副秘书长若干名，竞赛委员会秘书处设于华北电力大学。竞赛评审委员会由竞赛委员会根据作品申报情况，聘请可再生能源领域内相关专家学者担任，设主任 1 人，副主任 2 人，委员人数一般不超过 11 人。评审委员会会议由评审委员会主任召集和主持。

4. 参赛单位

以高等学校为参赛单位，每所高校不限报作品数量，申报作品时需对所有作品进行排序以作评审参考。

5. 参赛队和参赛学生

参赛者应为竞赛报名起始日之前正式注册的全日制非成人教育的高等院校在校专科生、本科生、研究生（不含在职研究生）。

参赛者必须以小组形式参赛，研究生和本科生或专科生可混合组队。

每届竞赛的同一赛道，一名参赛者只能申报一个参赛作品，在比赛时间不冲突的情况下，允许一名参赛者同时参加 2 个赛道。

6. 辅导教师

对于赛前辅导教师的辛勤工作，应按照教育部高等教育司下发的《关于鼓励教师积极参与指导大学生科技竞赛活动的通知》（教高司函〔2003〕165 号）精神，承认并计算其工作量。

7. 竞赛时间和竞赛周期

中国可再生能源学会大学生优秀科技作品竞赛每年举办一次，原则上申报时间为 4 月份，竞赛时间为 6 月份。中国可再生能源学会大学生优秀科技作品竞赛，在 2018 年第一次在华北电力大学举办，获得圆满成功。之后每年都从上一届比赛中挑选一所优胜学校举办下一届竞赛。

8. 竞赛方式

参赛选手需在规定时间内提交作品。

（1）赛道一

① 报名：采用网上报名方式，报名网址（官方网站）为 http://creeu. cn。6 月中旬，各团队将加盖单位公章的《参赛报名表》电子版提交到官方网站的报名系统。

② 作品提交：请各参与单位或个人填写科技作品申报书、说明书，使用"参与组别＋学校＋负责人姓名"的方式命名，于 6 月 30 日 24:00前提交至官方网站的参赛作品提交系统。

③ 初赛：拟定于每年 7 月，大赛组委会根据《中国可再生能源学会大学生优秀科技作品竞赛工作方案》组织专家对作品进行初评。

④ 决赛：根据初评结果择出决赛队伍，决赛时间初定每年 8 月，具体时间另行通知。

（2）赛道二

① 报名：采用网上报名方式，报名网址（官方网站）为 http://creeu. cn。6 月中旬，各团队将加盖单位公章的《参赛报名表》电子版

提交到官方网站的报名系统。

② 比赛平台：http://simepmsenergy.com。

③ 初赛：拟定于每年 7 月下旬线上进行，包括 2 轮热身赛和 6 轮正式比赛，参赛团队可在任意支持上网的场所完成决策。

④ 决赛：全国总决赛分模拟决策和商业演示两个环节。决赛时间初定于每年 8 月，具体时间另行通知。

9. 竞赛规则

竞赛奖励新能源和可再生能源领域，由大学生团队（全日制非成人教育的专科生、本科生、硕士研究生和博士研究生）完成的，具有较高理论意义和学术水平，科学性、创新性、研究深度、实际应用价值和创新意义等较为突出的科技作品。

10. 竞赛题目

紧扣竞赛主题，作品包括实物制作（含模型）、软件、设计和商业计划书等，体现新思想、新原理、新方法及新技术。

11. 关于报名费

全国竞赛组委会不向参赛单位和参赛队收取报名费。每支参加决赛的团队缴纳参赛费 1 800 元，主要用于平台使用费、专家评审费、评审场地费和设备租赁费等。

12. 其他

① 全国竞赛组委会组织开展的全国性专题邀请赛章程有另文细述。

② 本简章的具体解释权归中国可再生能源学会大学生优秀科技作品竞赛组织委员会。

5.2 参赛要求

中国可再生能源学会大学生优秀科技作品竞赛的参赛要求如下。

① 以竞赛启动报名环节为时间节点，各高校在籍全日制学生均可参赛（高职高专、本科、研究生）

② 参赛项目以团队形成出现，组队形式多样，各年级及层级学生均可混合组队。

③ 赛事涵盖多个赛道，1 个项目作品只允许参加 1 个赛道，但学生

可以参加最多 2 个项目团队。

5.3　竞赛奖项设置

① 竞赛采取赛道制，分赛道进行比赛。

② 竞赛分预赛和决赛两个阶段进行。通过预赛确定进入决赛作品，并评出三等奖。决赛阶段评出特等奖（可空缺）、一等奖和二等奖。

③ 竞赛设参赛学生奖、优秀指导教师奖和优秀组织单位奖。

a. 学生奖项。竞赛设特等奖（可空缺）、一等奖、二等奖、三等奖。每年获奖数量的要求：特等奖不超过有效申报总数的 1%、一等奖不超过有效申报总数的 5%、二等奖不超过有效申报总数的 10%、三等奖不超过有效申报总数的 20%。

b. 优秀指导教师奖。指导学生获得特等奖、一等奖的教师授予优秀指导教师奖。

c. 优秀组织单位奖。由竞赛评审委员会根据参赛高校的组织情况，投票选出若干优秀组织单位奖。

5.4　获奖作品示例

获奖作品以"'纤里之行'——基于储煤仓的分布式光纤火灾预警系统"为例，此装置基于 DTS 测量原理，使用单根光纤完成对温度的检测，再通过光纤长度来定位温度异常点。

1. 获奖情况

作品"'纤里之行'——基于储煤仓的分布式光纤火灾预警系统"荣获第三届中国可再生能源学会大学生优秀科技作品竞赛全国特等奖。

2. 作品实物

"'纤里之行'——基于储煤仓的分布式光纤火灾预警系统"作品实物如图 5.4.1 所示。

图 5.4.1　"'纤里之行'——基于储煤仓的分布式光纤火灾预警系统"作品实物

3. 作品简介

本系统是利用光纤后向拉曼散射光谱的温度效应来测量光纤所在的温度场信息，并利用光纤的光时域反射技术对测量点进行定位，实现对储煤仓、储油罐、高压电缆等应用场景的温度实时监测与报警。

本系统核心模块为光伏供电模块、激光发射器、光电放大电路、光电检测电路、波分复用器、DSP 等。本系统主要对储煤仓进行实时温度监测，并在煤矿发生自燃之前发出警报，工作人员迅速执行扑救措施，避免不可再生能源的浪费。本系统激光的发射功率小，符合国际 CLASS 1M 标准，线路布设简单，易维护，可以达到节能减排的目的。

4. 获奖证书（图 5.4.2）

获奖证书如图 5.4.2 所示。

图 5.4.2　获奖证书

第6章
全国大学生智能汽车竞赛

6.1 竞赛简介

全国大学生智能汽车竞赛作品的设计内容涵盖了控制、模式识别、传感技术、汽车电子、电气、计算机、机械、能源等多个学科的知识，对学生的知识融合和实践动手能力的培养，具有良好的推动作用。

1. 指导思想与目的

全国大学生智能汽车竞赛是以智能汽车为研究对象的创意性科技竞赛，是面向全国大学生的一种具有探索性工程实践活动，是教育部倡导的大学生科技竞赛之一。

本竞赛以"立足培养，重在参与，鼓励探索，追求卓越"为指导思想，旨在促进高等学校素质教育，培养大学生的综合知识运用能力、基本工程实践能力和创新意识，激发大学生从事科学研究与探索的兴趣和潜能，倡导理论联系实际、求真务实的学风和团队协作的人文精神，为优秀人才的脱颖而出创造条件。

2. 竞赛特点与特色

本竞赛以竞速赛为基本竞赛形式，辅助以创意赛和技术方案赛等多种形式。竞速赛以统一规范的标准硬软件为技术平台，制作一部能够自主识别道路的模型汽车，按照规定路线行进，并符合预先公布的其他规则，以完成时间最短者为优胜。创意赛是在统一限定的基础平台上，充分发挥参赛队伍想象力，以创意任务为目标，完成研制作品；竞赛评判由专家组、现场观众等综合评定。技术方案赛是以学术为基准，通过现场方案交流、专家质疑评判及现场参赛队员和专家投票等互动形式，针对参赛队伍的优秀技术方案进行评选，其目标是提高参赛队员的创新能力，鼓励队员之间相互学习交流。

本竞赛过程包括理论设计、实际制作、整车调试、现场比赛等环节，要求学生组成团队，协同工作，初步体会一个工程性的研究开发项目从设计到实现的全过程。竞赛融科学性、趣味性和观赏性为一体，是以迅猛发展、前景广阔的汽车电子为背景，涵盖自动控制、模式识别、传感技术、电子、电气、计算机、机械与汽车等多学科专业的创意性比赛。本竞赛规则透明，评价标准客观，坚持公开、公平、公正的原则，保证竞赛向健康、普及、持续的方向发展。

3. 组织运行模式

全国大学生智能汽车竞赛组织运行模式贯彻"政府倡导、专家主办、学生主体、社会参与"的 16 字方针，充分调动各方面参与的积极性。

4. 组织领导

全国大学生智能汽车竞赛由教育部高等教育司委托教育部高等学校自动化类专业教学指导委员会（即原教育部高等学校自动化专业教学指导分委员会，以下简称"自动化教指委"）主办，负责指导全国范围内的竞赛工作。

竞赛设立秘书处，包括主任 1 人，副主任若干人，主持全国大学生智能汽车竞赛的日常工作。竞赛秘书处挂靠清华大学。

在竞赛秘书处协助下，各承办学校分别组织竞赛的分/省赛区预赛和全国总决赛。为保证本竞赛顺利开展，每届竞赛组建全国及各分/省赛区竞赛组织委员会。

5. 组织委员会

每届全国竞赛组织委员会由自动化教指委、主赞助企业、竞赛秘书处、竞赛承办学校的有关领导和专家组成，负责决定竞赛的重要事项并指导分/省赛区预赛和全国总决赛的相关工作，审核并投票决定下一届全国总决赛的承办单位。

各分/省赛区竞赛组织委员会由所在省（自治区）教育厅、直辖市教委、承办学校、相关教学指导委员会委员及高校领导与专家、企事业代表组成，负责本赛区的竞赛组织领导工作。

6. 竞赛秘书处

竞赛秘书处是本竞赛的常设组织与运行机构。在自动化教指委领导下，直接负责各届竞赛的组织工作，包括确定各分/省赛区的承办学校，进行比赛指导工作与赛后总结等。竞赛秘书处设立技术组、宣传组和综合组。

技术组负责每届全国竞赛总体方案设计、竞赛题目预研与竞赛命题；制定和修改竞赛规则；落实竞赛器件和组织培训；协调各分/省赛区预赛和全国总决赛的竞赛技术工作。

宣传组负责整个竞赛的宣传报道；组织与指导各分/省赛区预赛和全国总决赛的宣传报道；维护和更新竞赛网站；组织有关竞赛出版物的出版发行。

综合组负责联系主赞助企业，协调竞赛经费计划的申报和分配；协调和联系社会赞助事宜；组织与指导各分/省赛区与总决赛后勤保障。

7. 参赛单位

以参赛高等学校为基本单位，学校提供相关经费，由学校教务处或相关部门领导，委托相关院（系）负责本校学生的参赛事宜，包括组队、报名、赛前准备、赛期管理和赛后总结等。

8. 参赛队和参赛学生

竞赛秘书处根据实际情况确定每届竞赛的各高校参赛队数目。每支竞速赛参赛队由 1~2 名指导教师和 3~4 名学生组成；学生必须为具有正式学籍的全日制在校本科生；若由两名教师联合指导，这两名教师必须具有不同的一级学科研究背景。

9. 辅导教师

对于指导教师的辛勤工作，其所在学校可按照教育部高等教育司下发的《关于鼓励教师积极参与指导大学生科技竞赛活动的通知》（教高司函〔2003〕165 号）精神，承认并计算其工作量。

10. 竞赛时间和竞赛周期

全国大学生智能汽车竞赛的分/省赛区预赛和全国总决赛一般安排在每年暑假期间。同时积极鼓励各学校根据自身条件适时开展校内的大学生智能汽车竞赛。

11. 竞赛方式

为保证竞赛公平，竞赛在规定范围内的标准软硬件技术平台上开展。每届竞赛由竞赛秘书处统一公布本届竞赛的形式、规则与技术数据。

按照比赛顺序，裁判员指挥参赛队伍按顺序进入场地比赛。同一时刻，一个场地上只能有一支队伍进行比赛。

在裁判员点名后，每队指定一名队员持赛车进入比赛场地，将赛车放置在赛道出发区。裁判员宣布比赛开始后，赛车应在 30 s 之内离开出发区，沿着环形赛道黑色引导线连续跑两圈，由计时起始线两边传感器进行自动计时。跑完后，选手拿起赛车离开场地。

如果比赛完成，由计算机评分系统自动给出单圈最好成绩。

12. 竞赛规则

为保证竞赛工作的顺利进行，应严格遵守每届全国竞赛组织委员会颁布的《全国大学生智能汽车竞赛竞赛规则与赛场纪律》。

（1）初赛规则

比赛场中有两个相同的赛道。

参赛队通过抽签平均分为两组，并以抽签形式决定组内比赛次序。

比赛分为两轮，两组同时在两个赛道上进行比赛，一轮比赛完毕后，两组交换场地，再进行第二轮比赛。

在每轮比赛中，每辆赛车在赛道上连续跑两圈，以计时起始线为计时点，以用时短的一圈计单轮成绩；每辆赛车以在两个单轮成绩中的较好成绩为赛车成绩；计时由电子计时器完成并实时在屏幕显示。

从两组比赛队中，选取成绩最好的 25 支队晋级决赛。

技术评判组将对全部晋级的赛车进行现场技术检查，如有违反器材限制规定的当场取消决赛资格，由后备首名晋级代替；

由裁判组申报组委会执委会批准公布决赛名单。

初赛结束后，车模放置在规定区域，由组委会暂时保管。

（2）决赛规则

参加决赛队伍按照预赛成绩进行排序，比赛顺序从第 25 名开始至第 1 名结束。

比赛场地使用一个赛道，决赛赛道与预赛赛道形状不同，占地面积会增大。

每支决赛队伍只有一次比赛机会，在跑道上跑两圈，以计时起始线为计时点，以最快单圈时间计算最终成绩；计时由电子计时器完成并实时在屏幕显示。

预赛成绩不计入决赛成绩，只决定决赛比赛顺序。

（3）犯规与失败

比赛过程中，如果赛车碰到赛道两边的立柱并使之倾倒或移动，裁判员将判为赛车冲出跑道。赛车前两次冲出跑道时，由裁判员取出赛车交给比赛队员，立即在起跑区重新开始比赛，该圈成绩取消。选手也可

以在赛车冲出跑道后放弃比赛。

比赛过程中如果出现有如下情况中的一种或几种，判为比赛失败：

① 裁判点名后，1 min 30 s 之内，参赛队没有能够进入比赛场地并做好比赛准备；

② 比赛开始后，赛车在 30 s 之内没有离开出发区；

③ 赛车在离开出发区之后 2 min 之内没有跑完两圈；

④ 赛车冲出跑道的次数超过两次；

⑤ 比赛开始后未经裁判允许，选手接触赛车；

⑥ 决赛前，赛车没有通过技术检验。

若比赛失败，则不计成绩。

（4）比赛成绩规则

在各分赛区进行预赛时，比赛成绩由赛车单圈最快时间决定。

在决赛区进行比赛时，比赛成绩由赛车单圈最快时间及队伍技术报告成绩综合决定。

（5）技术报告评分办法

① 组委会收到参加决赛队技术报告后将匿去参赛学校名字、参赛队员名字等所有可识别参赛队伍的信息交技术评判组。

② 技术评判组就控制方案创新、S12 芯片资源合理充分利用、机械结构设计方案等对技术报告进行评审，并在决赛前公布得分。报告评分为 0～10 分，具体的评定标准于每年 6 月底之前给出。

决赛区比赛最终成绩计算由下面公式给出

$$比赛最终成绩(s) = T_s \times (1 - 0.01R)$$

式中：T_s 为赛车最快单圈时间（s）；R 为技术报告评分（分值范围 0～10）。例：若赛车在比赛中 $T_s = 35$ s，$R = 5$，则最终成绩为

$$35 \text{ s} \times (1 - 0.01 \times 5) = 33.25 \text{ s}$$

鉴于决赛开始前各队之技术报告评分（R）已经公布并输入到计分系统，每队赛车完成赛道后系统将即时显示出其最快单圈时间，系统将即刻显示出以上述公式计算出的比赛最终成绩及至此刻为止时之临时排名。全部决赛队完成赛道比赛后系统即会显示排名次序与成绩，但须再经裁判组复核后申报组委会执委会批准公布。

（6）禁止项目

① 不允许在赛道周围安装辅助照明设备及其他辅助传感器等。

② 选手进入赛场后，除了可以更换电池之外，不允许进行任何硬件和软件的修改。

③ 比赛场地内，除了裁判与 1 名队员之外，不允许任何其他人员进入场地。

④ 不允许其他影响赛车运动的行为。

13. 竞赛题目

在广泛征集的基础上，竞赛秘书处技术组统一进行分/省赛区预赛与全国总决赛的命题工作。

竞速赛题目应该具有客观的评价指标，可以通过独立的电子裁判系统现场完成成绩评定，避免人为主观因素的影响，保证公开、公平、公正的竞赛原则。竞速赛题目可采用统一命题，也可以分成不同组别分别命题，以便于体现参赛高校与学生的广泛性；其难度原则上应该符合大学本科生的教学要求，易于制作和实现，对于由学生组成的参赛队，能在指导教师的辅导下于 6 个月内完成。竞速赛题目的内容原则上应包括汽车模型的组装和改造、嵌入式系统的开发和调试、传感器的选择与测试、综合信息处理与算法设计等。

其他形式的竞赛由竞赛秘书处根据大学教学的发展特点，另行发布。竞赛同样应该在统一的基础比赛平台上，充分发挥参赛队伍想象力，以特定任务为目标，自由完成作品研制。

每届全国竞赛组织委员会与竞赛秘书处成员不得担任所在学校参赛队伍的指导教师，不得泄露有失竞赛公允的相关信息。

14. 竞赛报名、预赛和决赛工作

（1）竞赛报名

参赛学校应在广泛开展校内培训和竞赛的基础上，选拔出适当数量的优秀代表队报名参赛。参赛队在报名时需按照竞赛规则确定本队的参赛组别，竞赛期间不得更改。各参赛学校需填写全国统一格式的报名表，在规定的截止时间内以书面形式（盖有学校公章）上报竞赛秘书处确认。

（2）预赛工作

各分/省赛区的竞赛工作在全国竞赛组织委员会与竞赛秘书处指导下，由相应承办学校组织成立分/省赛区竞赛组织委员会。

在分/省赛区竞赛组织委员会领导下成立竞赛秘书组、比赛裁判组、专家组和比赛仲裁委员会。

分/省赛区预赛分为预赛与决赛两个阶段，并选拔本赛区竞速赛进入全国总决赛的竞赛队伍。根据当年报名参赛的队伍总数，按照一定比例确定各分赛区进入全国总决赛的队伍名额。分赛区可以设立区级比赛成绩一等奖、二等奖、三等奖及优胜奖等各类奖项。

（3）决赛工作

总决赛的竞赛工作由全国竞赛组织委员会组织，竞赛秘书处指导，承办学校执行。

在全国竞赛组织委员会领导下成立竞赛秘书组、比赛裁判组、专家组和比赛仲裁委员会。

全国总决赛期间的比赛一般分为预赛与决赛两个阶段。比赛设立全国总决赛各类竞赛奖项、优秀组织工作奖等，由每届全国竞赛组织委员会按照一定比例确定。其中，竞速赛设一等奖、二等奖；其他奖项由每届全国竞赛组织委员会视具体情况确定。

15. 评审工作与要求

判罚一览表如表 6.1.1 所示。

表 6.1.1　判罚一览表

加罚种类	加罚时间/s	判断标准
入库失败	15	有一个或者一个以上的车轮中线在车库范围之外
撞击锥桶	15	在电磁越野、单车拉力比赛中，车模撞击交通锥桶，使其运动超过 10 cm
未进环岛	30	车模没有进入环岛运行
三岔路口违规	30	车模重复进入同一条支路；视觉 AI 组未按数字指示方向进入正确支路
全向车模违规	60	全向车模未在三岔路口更换运行模式

续表

加罚种类	加罚时间/s	判断标准
直立车模倒地	60	判断标准参照前面描述
三轮车抬前轮	60	判断标准参照前面描述
双车接力未完成接力	60	没有完成接力球传递，或者中途接力球脱落
双车接力等待车模出界	60	完成接力之后等待车模冲出三岔路口边界
双车接力等待车模过早启动	60	在完成接力之后，等待车模提前启动
视觉 AI 组未完成动物标靶任务	15	注意：每次加罚 15 s。对于运行两圈，如果设置两个标靶，则最多可能造成 4 次任务失败，即加罚 60 s
视觉 AI 组未完成三岔路口识别	30	对于带有数字标靶的路口，未完成数字正确识别，与普通三岔路口违规一样，都是加罚 30 s

16. 关于报名费

每届竞赛由竞赛秘书处落实赞助企业经费，完成竞赛预算方案和各赛区经费分配方案。

竞赛组织委员会有义务规范参赛用标准技术平台，降低参赛平台成本。竞赛不收取报名费。

全国总决赛和各分/省赛区预赛承办学校应积极筹办竞赛，提供适当的经费支持，保证竞赛的顺利进行。

全国总决赛和各分/省赛区预赛承办单位在比赛结束后，向竞赛秘书处提供下达经费财务结算情况，竞赛秘书处向自动化教指委汇报财务结算情况。竞赛财务工作接受竞赛秘书处挂靠单位的监督。

17. 其他

① 全国竞赛组委会组织开展的全国性专题邀请赛章程有另文细述。

② 本简章的具体解释权归全国大学生智能汽车竞赛组织委员会。

6.2   参赛要求

全国大学生智能汽车竞赛原则上由全国有自动化专业的高等学校（包括港澳地区的高校）参赛。竞赛首先在各个分赛区进行报名、预赛，各分赛区的优胜队将参加全国总决赛。每届比赛根据参赛队伍和队员情况，分别设立光电组（已取消）、摄像头组、电磁组、电轨组（仅 2016年）、节能组（2018 年后为无线节能组）、双车对抗组、室外越野组、创意组等多个赛题组别。每个学校可以根据竞赛规则选报不同组别的参赛队伍。

全国大学生智能汽车竞赛一般在每年的 10 月份公布次年竞赛的题目和组织方式，并开始接受报名，次年的 3 月份进行相关技术培训，7 月份进行分赛区竞赛，8 月份进行全国总决赛。

该竞赛是涵盖了控制、模式识别、传感技术、电子、电气、新能源、计算机、机械等多个学科的比赛。

① 讯飞创意组比赛作为智能车竞赛的创意比赛面向全国全日制在校研究生、本科生和专科生。

② 每个队伍最多参与学生 5 人，指导老师 1～2 名。

③ 每个学校允许多支队伍参加线上竞赛，但只能有一支队伍获得线上赛赞助车模。

④ 线上赛只作为赞助车模的分配依据，不参加线上赛也可报名参加线下分区赛。

⑤ 线上赛作品提交要求及方式会在 3 月上旬在线上机器人学院以课程方式进行更新。

⑥ 参赛选手报名须保证所提供的个人信息真实、准确、有效，否则将取消选手参赛资格。

6.3   竞赛奖项设置

1. 获奖说明

自第十六届全国大学生智能汽车竞赛开始，竞赛中引入了多种

MCU 类型应用于不同的赛题组，包括 Infineon，STC，WCH，MindMotion，NXP 等。在智能车控制系统开发过程中引入实时嵌入式操作系统，不仅可以充分发挥不同芯片的性能，让智能车跑得更加顺畅，还在一定程度上屏蔽了不同单片机底层硬件细节，提高控制软件开发效率，上层车模控制算法可以共享。

在智能汽车竞赛中，RT-Thread 公司进行了赞助。为了鼓励参赛同学在制作车模作品过程中更好地应用 RT-Thread 操作系统，进行技术创新，智能车竞赛组委会联合 RT-Thread 公司提供相应技术培训，设置 RT-Thread 创新奖项。

大赛专家组将根据比赛作品的难度、技术的创新应用、完成情况、文档质量及答辩情况进行评选。大赛将根据作品情况，在使用 32 位处理器的竞赛组别中，在分赛区阶段每个竞赛组别评选 5 名特别奖。在总决赛阶段每个竞赛组别评选 3 名特别奖。

2. 奖励设置

① 分赛区获奖者提供获奖证书；总决赛获得者提供 500～1 000 元现金奖励及证书；针对优秀队员提供 RT-Thread 带薪实习就业。

② 针对优秀队伍提供名企实习就业机会。

③ 免费提供嵌入式能力认证考试名额。

④ 将在原有晋级比例之外获得晋级全国总决赛机会，名额由组委会根据比赛成绩及其他条件综合评选推荐。

3. 异议制度

为保证全国大学生智能汽车竞赛评奖工作的公正性，对全国和各分/省赛区的评奖结果坚持执行异议制度，异议须由参赛队指导教师代表参赛队伍以书面形式提出，签署本人姓名，注明参赛队伍所在单位、通信地址；各分/省赛区竞赛组织委员会和全国竞赛组织委员会必须对提出异议的参赛队伍及所在单位严格保密，对异议的审议结果在适当场合予以公布。

全国竞赛组织委员会充分尊重各分/省赛区的比赛结果与评奖结果，各分/省赛区比赛过程中与评奖结果出现的异议由各分/省赛区比赛仲裁委员会协调解决。

6.4　获奖作品示例

获奖作品以"电磁赛道参赛智能车"为例,该车模搭载电磁感应传感器,通过扫描预埋设漆包线中的脉冲信号,达到寻迹的目的。

1. 获奖情况

"申信 AI 电磁一队"荣获第十五届全国大学生智能汽车竞赛全国总决赛 AI 电磁组二等奖。

2. 竞赛场地

竞赛场地如图 6.4.1 所示。

图 6.4.1　竞赛场地

3. 作品简介

根据竞赛规则相关规定,智能车系统采用大赛组委会统一提供的车模,以恩智浦公司生产的 32 位微控制器作为核心控制器,在 IAR 开发环境中进行软件开发。赛车的位置信号由车体前方的电磁传感器采集,经内部 AD 进行模数转换后,输入到控制核心,用于赛车的运动控制决策。编码器测速模块用于检测车速,并采用控制器的输入捕捉功能进行脉冲计数计算速度和路程;电机转速控制采用 PID 控制,以 PWM 控制驱动电路调整电机的转速,完成智能车速度的闭环控制。

4. 获奖证书

获奖证书如图 6.4.2 所示。

图 6.4.2　获奖证书

第7章
全国软件和信息
技术专业人才大赛

7.1　竞赛简介

全国软件和信息技术专业人才大赛由工业和信息化部人才交流中心举办，秉承连接高校与社会的办赛理念、以赛促学为校企合作搭建桥梁，力求为广大学子提供更多专业指导和大学生服务。大赛自 2010 年起每年一届，北京大学、清华大学、北京航空航天大学等国内顶尖高校纷纷参加，参赛院校 1 200 余所，参赛人数已达 15 万余人，是我国最有影响力的高校信息技术类赛事之一。

2021 年，大赛被列入中国高等教育学会发布的"全国普通高校学科竞赛排行榜"，是高校教育教学改革和创新人才培养的重要竞赛项目。

1. 指导思想与目的

软件和信息技术产业作为我国的核心产业，是经济社会发展的先导性、战略性产业。软件和信息技术产业在推进信息化和工业化融合，转变发展方式，维护国家安全等方面发挥着重要作用。大赛推动了软件和信息技术产业的发展，促进了软件和信息技术专业技术人才培养，向软件和信息技术行业输送了具有创新能力和实践能力的高端人才，提升了高校毕业生的就业竞争力，全面推动了行业发展及人才培养进程。

2. 竞赛特点与特色

① 立足行业，结合实际，实战演练，促进就业。

② 政府、企业、协会联手构筑的人才培养、选拔平台。

③ 以赛促学，竞赛内容基于所学专业知识。

④ 以个人为单位，现场比拼，公正公平。

3. 组织运行模式

大赛由工业和信息化部主办，中国高等教育学会和高校共同承办。

4. 组织领导

大赛设置全国组织委员会，并在全国参赛院校数量较多、参赛人数规模较大的城市选拔院校设置赛点。

5. 组织委员会

大赛由工业和信息化部人才交流中心作为主办单位，由国信蓝桥数字科技有限公司负责承办并统一收取大赛相关费用。大赛组委会秘书处设在工业和信息化部人才交流中心。

6. 竞赛赛点

大赛计划在报名人数比较集中的，符合报名要求、且能提供足够数量的符合大赛需求的软件环境和硬件设备的院校设立赛点。赛点的设立既考虑报名人数，又要考虑区域的地理分布。赛点学校必须有实力、有声望，对于组织当年省赛有很大的积极性。赛点的设立由大赛组委会确认，并签订相应协议。各学校赛点严格按照大赛章程、实施办法及《"全国软件和信息技术专业人才大赛"规则与赛场纪律》组织省赛。

7. 参赛单位

由全日制普通高校在读的本科和高职高专学生（当年应届毕业生也可以参加）组成的团队。每队由 1 名领队、1 名顾问、2 名指导老师、3名学生组成。其中，领队和指导老师可以兼任，顾问必须来自校外的企业在职人员。

8. 参赛队和参赛学生

具有正式全日制学籍并且符合相关科目报名要求的研究生、本科及高职高专学生（以报名时状态为准），以个人为单位进行比赛。该专业方向设研究生组、大学 A 组、大学 B 组、大学 C 组。研究生只能报研究生组。985、211 本科生只能报大学 A 组及以上组别，其他院校本科生可自行选择报大学 B 组及以上组别，高职高专院校可报大学 C 组或自行选择任意组别。

Java 软件开发对象：具有正式全日制学籍并且符合相关科目报名要求的研究生、本科及高职高专学生（以报名时状态为准），以个人为单位进行比赛。该专业方向设研究生组、大学 A 组、大学 B 组、大学C 组。

C/C++ 程序设计对象：具有正式全日制学籍并且符合相关科目报名要求的研究生、本科及高职高专学生（以报名时状态为准），以个人为单位进行比赛。该专业方向设研究生组、大学 A 组、大学 B 组、大学 C 组。

Python 程序设计对象：具有正式学籍的在校全日制研究生、本科及高职高专学生（以报名时状态为准），以个人为单位进行比赛。该专业方向设大学 A 组、大学 B 组、大学 C 组。

嵌入式设计与开发对象：具有正式学籍的在校全日制研究生、本科及高职高专学生（以报名时状态为准），以个人为单位进行比赛。该专业方向设大学 A 组、大学 B 组、大学 C 组。

单片机设计与开发对象：具有正式学籍的在校全日制研究生、本科及高职高专学生（以报名时状态为准），以个人为单位进行比赛。该专业方向设大学 A 组、大学 B 组、大学 C 组。

物联网设计与开发对象：具有正式学籍的在校全日制研究生、本科及高职高专学生（以报名时状态为准），以个人为单位进行比赛。该专业方向设大学 A 组、大学 B 组、大学 C 组。

EDA 设计与开发对象：具有正式学籍的在校全日制研究生、本科及高职高专学生（以报名时状态为准），以个人为单位进行比赛。该专业方向设大学 A 组、大学 B 组、大学 C 组。

另外，还设青少年创意编程组，其对象为 6～18 岁的中小学生。

9. 辅导教师

各参赛学校需为每位参赛选手配备 1 名指导教师，每名选手的指导教师最多 1 名，同 1 名指导教师可指导多位选手。

10. 竞赛时间和竞赛周期

① 报名截止时间：每年 3 月。

② 省赛时间：每年 3 月底或 4 月初。

③ 竞赛地点：各分赛区指定赛点学校。

④ 国赛（全国总决赛）时间：每年 5 月底或 6 月。

⑤ 若受疫情影响，大赛时间有所调整，大赛组委会将另行通知。

11. 竞赛方式

大赛分个人赛和设计赛两大项进行。大赛为响应国务院关于《新一代人工智能发展规划》的有关精神及推进两化融合人才培养，软件类竞赛科目新增"Python 程序设计""EDA 设计与开发"。

12. 竞赛规则

为保证大赛的公平、公正，对各赛区省赛和全国总决赛的初步评审结果执行监督反馈制度。投诉反馈期自公布评审初步结果之日起，为期 3 天，过期不再受理。投诉反馈期间，各赛区大赛组委会和全国大赛组委会将受理有关违反大赛比赛章程、规则和纪律的行为等。投诉和异议须以书面形式提出，由个人提出的异议，须注本人的真实姓名、工作单位、通信地址，并附有本人亲笔签名；由单位提出的异议，须注明单位指定联系人的姓名、通信地址、电话，并加盖单位公章。各赛区大赛组委会和全国大赛组委会须对提出异议的个人或单位严格保密。

13. 竞赛题目

① 大赛总决赛采用统一命题、集中考试的组织方式。

② 大赛题目具有实际意义和应用背景，并考虑到目前教学的基本内容和新技术的应用趋势，同时还应对教学内容和课程体系改革有一定的引导作用。

③ 题目的难易程度，既应使一般参赛学生能在规定时间内完成基本要求，又能使优秀学生有发挥与创新的余地。

④ 总决赛由大赛命题专家组统一命题。

⑤ 由专家指导委员会审题组专家对所有备选题目进行审核，指定审核标准。为保证大赛的公平、公正，所有审题、筛选过程必须保密，在总决赛前 10 天最终确定决赛题目。

14. 竞赛报名

① 进行学生注册（已注册学生用原账号登录）。

② 实名认证（学生实名信息和所属院校信息）。

a. 姓名、证件号码、2 寸彩色证件照电子版（证件照如不规范将会审核失败，须重新上传）及身份证正反面照片；

b. 学生教育发生经历发生变更，可以通过"添加更多教育经历"提交审核进行重新认证。

15. 评审工作与要求

总决赛评审工作由大赛组委会组织专家进行，由竞赛评审系统自动评测并进行人工校验核对，评审中须严格遵守大赛全国专家组制定的统一评分及考核标准。评审组设组长 1 名，副组长 2 名，评审员若干，组长负主要责任。在分数相同情况下，由评审专家组对代码质量、实现功能、提交时间、运行时间等进行综合评定，评定大赛名次。每位评审专家的原始评分及评审记录须交由大赛组委会保存。总决赛评审结果上报大赛组委会时，须同时提交含评审组每位评审专家签字的各项详细评分记录，否则其评审结果无效。

16. 关于报名费

① C/C++程序设计、Java 软件开发、Python 程序设计、嵌入式设计与开发、单片机设计与开发、物联网设计与开发、EDA 设计与开发每个科目报名费为 300 元/人。

② 选手及指导教师在省赛、决赛期间发生的住宿、用餐、交通等费用自理。

17. 其他

① 全国竞赛组委会组织开展的全国性专题邀请赛章程有另文细述。

② 本简章的具体解释权归全国软件和信息技术专业人才大赛竞赛组织委员会。

7.2　参赛要求

全国软件和信息技术专业人才大赛的参赛要求如下。

1. 省赛

大赛省赛采用统一命题、分赛区比赛的组织方式。选手在指定赛点参加省赛。

2. 总决赛

大赛总决赛采用集中比赛的组织方式。参赛学生必须按统一时间参加大赛，按时开赛，准时交卷。比赛期间，选手须独立完成比赛任务，所需资料均由大赛组委会提供。

7.3　竞赛奖项设置

1. 省赛

（1）参赛选手奖

省赛每个组别设置一、二、三等奖，比例分别为 10%、20%、30%，总比例为实际参赛人数的 60%，零分卷不得奖。省赛一等奖选手获得直接进入全国总决赛资格。所有获奖选手均可获得由工业和信息化部人才交流中心及大赛组委会联合颁发的获奖证书。

（2）指导教师奖

省赛中获奖的参赛选手的指导教师将获得"全国软件和信息技术专业人才大赛（××赛区）优秀指导教师"称号。

（3）参赛学校奖

参赛组织工作表现突出、经审批符合相关条件的单位，将获得"全国软件和信息技术专业人才大赛（××赛区）优秀组织单位"称号；参赛选手成绩优异、经审批符合相关条件的学校，将获得"全国软件和信息技术专业人才大赛（××赛区）优胜学校"称号。

2．总决赛

全国总决赛按参赛项目和成绩，为获奖学生、教师和组织单位颁发相应证书和奖励。其中：

个人赛根据相应组别分别设立一、二、三等奖及优秀奖。其中，一等奖不高于参赛人数的 5％，二等奖占参赛人数的 20％，三等奖不低于参赛人数的 25％，优秀奖不超过参赛人数的 50％，零分卷不得奖。

所有获奖选手均可获得由工业和信息化部人才交流中心及大赛组委会联合颁发的获奖证书。

7.4　获奖作品示例

获奖作品以一个基于 CT107D 单片机开发板的程序开发为例，其通过 C 语言编程点亮 LED 灯，并通过 ADC 模块测量电压大小，电压数值显示在数码管上。

1．获奖情况

作品"CT107D 单片机开发板"荣获第二届蓝桥杯全国软件和信息技术人才大赛江苏赛区单片机设计与开发大学组一等奖。

2．作品实物

获奖开发板实物如图 7.4.1 所示。

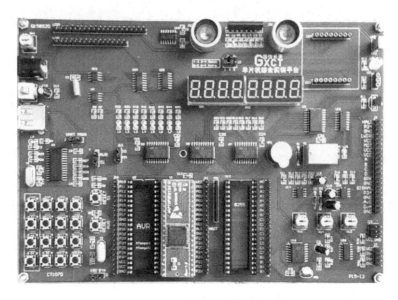

图 7.4.1　获奖开发板实物

3. 作品简介

蓝桥杯单片机开发板采用的是国信长天的 CT107D 单片机综合训练平台，由以下基本功能模块组成。

（1）单片机芯片

配置 40 脚 51 系列单片机插座；

配置 40 脚 AVR 单片机插座。

（2）显示模块

配置路 LED 输出；

配置 8 位 8 段共阳数码管；

配置 LCM1602 和 12860 液晶接口。

（3）输入/输出模块

配置 4×4 键盘矩阵，其中 4 个按钮可通过跳线配置为独立按钮；

配置继电器、蜂鸣器；

配置功率放大电路，驱动扬声器。

（4）传感模块

配置红外一体头 1838 及红外发射管；

配置一个霍尔传感器；

配置光敏电阻；

配置数字温度传感器 DS18B20；

配置超声波收发探头及相应的驱动电路。

（5）电源

USB 和外接 5 V 直流电源双电源供电。

（6）通信功能

配置板载 USB 转串口功能，可以完成单片机与 PC 的串行通信。

配置单总线扩展，可以外接其他单总线接口器件。

配置 I2C 总线，可以做 I2C 总线实验。

（7）存储/IO 扩展

配置 8255 扩展芯片；

配置 EEPROM 芯片 AT24C02。

（8）程序下载

板载 USB 下载功能，不需要另外配备编程器；

板载 USB 转串口功能，可以对支持串行下载功能的芯片进行程序下载。

（9）A/D、D/A 模块

配置 PCF8591A/D、D/A 芯片，内含 8 位 4 通道 A/D 转换、单通道 D/A 转换。

（10）信号发生模块

配置一个 555 方波发生器，可以产生实验所需的 200 Hz 到 20 kHz 的方波信号。

（11）其他

配置信号放大模块，可以对输入的低电压模拟信号进行放大；

配置 138 译码器，可以做译码实验；

外设可以用存储器映射方式访问，也可以直接控制 I/O 口访问；

单片机全部端口可外接，方便系统扩展。

4. 获奖证书

获奖证书如图 7.4.2 所示。

图 7.4.2　获奖证书

第 8 章
全国大学生嵌入式
人工智能设计大赛

8.1　竞赛简介

全国大学生嵌入式人工智能设计大赛是一个为学生提供交流学习、项目实践，为企业提供人才选拔的专业竞赛平台。大赛极大地促进了我国高校嵌入式人工智能、物联网技术教育的发展，也为我国高新技术企业筛选了大批优秀的新技术人才，是一项深受高校师生欢迎的公益性赛事，也是目前该领域规模及影响力最大的赛事。

1. 指导思想与目的

大赛为高校学生提供了一个创新、交流和展示的平台，本着公平、公正、开源、开放的大赛精神，选拔出优秀的人才与大赛作品，吸引国内外优秀的企业积极参与，利用企业平台，实现人才就业与大赛作品的产品化转换。

大赛目标是成为高校与企业间的人才、技术双向交流对接的高端平台，为进一步推进工业化和信息化的融合提供了有效的工程人才培养模式。

全国大学生嵌入式设计大赛目的在于深化高等学校嵌入式人工智能、物联网、机器人相关专业人才培养模式，培养社会急需集成电路设计、嵌入式应用人才，提高大学生的创新创业能力和团队协作精神。

2. 竞赛特点与特色

① 对学校：大赛作为一项面向高等学校在校生的学科竞赛活动，充分调动了产学研的各个环节，对国内高校的教学改革、课程更新和创新人才培养起到了重要的推动作用。加强产学合作、推动产学研紧密结合，是高校培养信息技术人才的有效途径。

② 对教师：嵌入式人工智能、物联网作为新兴产业，技术和信息不断更新，教师队伍的专业能力、知识更新、创新意识都需要加强。而大赛采用公开展示、公开评审及共享作品源代码的方式，为参赛的指导老师提供了更广泛的交流学习的机会。教师在指导学生参赛的始末也是教师素质提高的重要过程。

③ 对学生：通过大赛强化了学生的实践能力、设计能力与创新能力，推动了学生基于问题的学习、基于项目的学习、基于案例的学习等

研究性学习方法，加强学生创新能力训练，进一步缩小高校教育与企业需求的差距。

④ 对社会：大赛组委会通过大赛选拔优秀嵌入式人工智能、物联网技术人才，设立人才资源库，由企业根据需要到人才库进行人才挑选。为高校学生就业，企业选拔人才搭建一个高端平台。据统计，往届参加大赛后的学生就业前景非常乐观。通过大赛的锻炼，学生积累了丰富的经验，弥补了应届毕业生缺乏工作经验的缺憾，为企业选择人才提供重要依据。

另外，由于嵌入式人工智能、物联网技术涉及的应用领域非常广泛，而大赛采用了开放式的命题方式，给学生的创作提供了广阔的空间，促使参赛作品内容丰富，形式多样，同时又简洁实用，针对性强。很多作品本身就可以作为实际应用产品的设计原型，经过包装直接就可以面向市场。大赛促进了高校知识转化成企业产品的进程。

3. 组织运行模式

大赛由教育部高等教育司下属教育部高等学校计算机类教学指导委员会（以下简称"计算机教指委"）主办、负责指导全国范围内的赛事工作。

大赛设立组委会，包括主任 1 人，副主任若干人，负责全国大学生嵌入式人工智能设计大赛的日常工作。组委会挂靠北京航空航天大学。

在组委会统一领导下，各承办学校分别组织分/省赛区分赛比赛和全国总决赛。为保证大赛顺利开展，大赛组建全国及各分/省赛区组织委员会。

4. 组织委员会

大赛组织委员会（以下简称"大赛组委会"）由计算机教指委、电子学会嵌入式系统与机器人分会、主赞助企业、承办单位有关领导和专家组成，负责决定大赛的重要事项并指导分/省赛区比赛和全国总决赛的相关工作，审核并投票决定下一届全国总决赛的承办单位。

大赛组委会作为大赛最高的权力机构全面负责大赛日常组织及事务性工作。大赛组委会办公室设在承办单位，具体负责对内对外各项事务的联络、接洽，确定各分/省赛区的承办院校并进行指导工作，以及统一管理大赛过程中的所有文件。

各分/省赛区组织委员会由所在省（自治区）教育厅、直辖市教委、承办学校、相关教学指导委员会委员及高校领导与专家、企事业代表组成，负责本赛区的赛事组织领导工作。

5. 评审委员会

大赛评审委员会成员主要由嵌入式、机器人、物联网领域的权威人士、专家学者组成，均由大赛组委会统一聘请，各赛区也可推荐人选，经大赛组委会认为符合资质要求又适合参加评审工作的人员可聘请为大赛评审委员会委员。大赛评审委员会作为大赛最高的评审机构，具体负责全国总决赛的评审工作。大赛评审委员会的具体工作由大赛组委会统筹安排。

6. 竞赛时间和竞赛周期

① 每年 9 月底在线报名，准备作品。

② 每年 10 月修改报名信息。

③ 每年 10 月至 11 月各分赛区比赛，具体比赛时间以官网公布为准。

④ 每年 11 月总决赛。

7. 竞赛方式

大赛预设分赛区：华北赛区、华东赛区、华中赛区、华南赛区、西北赛区、西南赛区、东北赛区、天津赛区、综合赛区等。

大赛设"标准赛项本科组""标准赛项高职组""嵌入式人工智能专项赛研究生组""嵌入式人工智能专项赛本科组""嵌入式人工智能专项赛研高职组"，不限定命题，通过分赛区现场实物评审的形式选拔进入全国总决赛。规则详情请到大赛官网"资料下载"处下载《标准赛项比赛说明》。

在大赛组委会的指导下，各分赛区应由承办院校成立赛区组织委员会和赛区评审委员会。为保证大赛的公平、公正，赛区评审委员会的委员任命须严格按照全国大学生嵌入式设计大赛分赛区合作协议要求进行。

分赛比赛举办一次，可根据各区实际情况举办 1～2 天。各分赛区根据比赛成绩选拔优胜队伍进入全国总决赛。根据本赛区报名参赛队伍总数，按照一定比例确定各分赛区进入全国总决赛的队伍名额。分赛区可以设立区级比赛成绩特等奖、一等奖、二等奖、三等奖各类奖项。

总决赛的比赛工作由大赛组委会、大赛评审委员会和大赛承办单位执行。

8. 竞赛规则

为了使大赛更加规范统一，更有利于参赛作品的创新，评审评比也更加公平、公正，参赛队须使用大赛指定平台设计作品并参赛。对于任何以其他非大赛指定平台报名的参赛队，报名信息审核阶段将不会审核通过，若在分赛区或决赛发现使用非大赛指定平台，大赛组委会也将直接取消其参赛资格，最终解释权归全国大赛组委会所有。

参赛作品需要满足以下几个条件：

① 参赛作品不得违反有关法律、法规及社会的道德规范。

② 参赛作品不得违反知识产权和所有权，所涉及的参考资料应注明出处和来源。

一经发现上述违规行为立即取消其参赛、获奖资格，由此发生的法律纠纷由提交作品的团体或个人自行承担并负全责，参赛者一经提交报名表并确认参赛即代表完全接受大赛活动所有条款。

"标准赛项"要求采用创新创客智能硬件平台或其核心开发板及配套模块作为参赛基本平台，此款平台是北京博创智联科技有限公司专门为"博创杯"大赛量身定制的设备，由丰富的嵌入式主板、扩展模块、人工智能模块、传感器、通信模块等单元组成，有配套的在线学习网站，各模块单元间可通过标准接口自由组合，极大地提高学生实践动手能力和学习兴趣，激发灵感和创新思维。

"嵌入式人工智能专项赛"指定家居精灵、嵌入式人工智能教学科研平台、UP 派套装。其拥有图像识别、语音识别案例，可与百度人工智能平台、天工平台对接，打造嵌入式人工智能、物联网一体化实验体系。

9. 竞赛题目

大赛命题为开放式命题，可使各参赛队伍能有更自由的发挥空间。

命题设计内容可涵盖：嵌入式人工智能、物联网、机器人等应用（无人驾驶、智能医疗、智能交通、港口物流、环境监测、多网融合、消费类电子、数字电视、GPS 导航、智能手机、智能机器人、数字家电、多媒体、视频编码解码、图像处理、安防监控、无线通信、信息识别、工业应用、医疗卫生领域的硬件设计、应用软件、系统软件等）。

10. 竞赛报名

① 以单支参赛队伍为单位在线报名；以院校为单位统一申请大赛指定平台和参赛。

② 通过官网赛事中心 http://www.cie-eec.org/Home/CompetitionIndex 进入，注册登录后，点击"我的赛事"在线提交报名信息。

③ 报名信息提交后 2 个工作日内组委会审核通过并发送确认邮件至负责人邮箱。

④ 组委会不向参赛队收取报名费、参赛费及评审费等任何费用。

⑤ 报名截止日期：每年 9 月 30 日。

⑦ 请在分赛开赛前进行报名信息变更，比赛期间不得随意修改、替换。

说明：报名时需严格按照赛规进行报名信息的填写和资料提交。比赛期间报名信息不得更改，修改报名信息请在赛前下载"报名信息变更表"，按要求完成信息修改。

11. 评审工作与要求

初赛选拔的作品需满足的条件如表 8.1.1 所示。

表 8.1.1　初赛评审规则

PPT 报告环节（总分 30 分）	作品演示环节（总分 70 分）
1.1 表述清楚、叙述完整、重点突出（10 分）	2.1 作品设计创新性（35 分）
1.2 原理论述正确（10 分）	2.2 作品设计难度系数（15 分）
1.3 回答评委提问的正确性和完整性（5 分）	2.3 作品按预期设计功能演示效果程度（10 分）
1.4 时间把握合理（5 分）	2.4 作品可被推广应用性（10 分）

通过初赛比赛选拔进入决赛的参赛队员需提前提交设计报告，现场以 PPT 和现场演示两种形式进行公开陈述。评审规则如表 8.1.2 所示。

表 8.1.2   全国总决赛评审规则

大赛平台 (10分)	PPT 报告环节 (25分)			作品演示环节 (65分)			
选用大赛平台核心 CPU 的先进性、配套模块的使用数量 (10分)	表述清楚、叙述完整、重点突出 (5分)	原理论述正确 (10分)	回答评委提问的正确性和完整性 (10分)	作品设计创新性 (20分)	作品设计难度系数 (20分)	作品按预期设计功能演示效果程度 (20分)	作品可被推广应用性 (5分)

12. 其他

① 全国竞赛组委会组织开展的全国性专题邀请赛章程有另文细述。

② 本简章的具体解释权归全国大学生嵌入式与人工智能设计竞赛组织委员会。

8.2   参赛要求

全国大学生嵌入式人工智能设计大赛的参赛要求如下。

① 参赛形式：以团队为单位参与线上报名，组委会认定报名材料以参赛学校邮寄纸质项目（团队）申报材料为准。总决赛前开展分赛区比赛，单个学校（单位）最多允许 5 个项目团队参加。

② 参赛队员：以竞赛启动报名环节为时间节点，各高校在籍全日制学生均可参赛（高职高专、本科、研究生），每位学生只能参加唯一项目团队，重复组队视为无效参赛。

③ 指导教师：1 位指导教师指导项目团队数量不可超过 3 支，1 个项目最多由 2 位老师参与指导。

④ 作品要求：项目开发核心必须为 ARM 处理器，可选用指定范围内的多种控制器及传感器完成作品制作。

8.3   竞赛奖项设置

① 大赛将设置学生奖、指导教师奖、赛区组织奖共 3 类。

② 全国总决赛中所有获二等奖以上且为大三以上的参赛队员将有

机会申请"中国电子学会嵌入式系统（助理）工程师资格认证证书"。

③ 大赛奖项设置如表 8.3.1 所示。

表 8.3.1　大赛奖项设置

标准赛奖项（硕士）		
硕士组特等奖	1 名	奖金、证书
硕士组一等奖	2 名	奖金、证书
硕士组二等奖	3 名	奖金、证书
硕士组三等奖	若干	证书
标准赛奖项（本科）		
本科组特等奖	2 名	奖金、证书
本科组一等奖	8 名	奖金、证书
本科组二等奖	16 名	奖金、证书
本科组三等奖	若干	证书
标准赛奖项（高职）		
高职组特等奖	1 名	奖金、证书
高职组一等奖	4 名	奖金、证书
高职组二等奖	8 名	奖金、证书
高职组三等奖	若干	证书

8.4　获奖作品示例

获奖作品以"Wi-Fi 智能家居远程监控系统"为例，此项目是基于 STM32 的家居数据采集与无线传输系统，该系统由检测家居数据的传感器、系统程序逻辑主控板、Wi-Fi 无线传输设备构成。该系统的主要工作流程是单片机循环不断地检测各个传感器的工作状态，接收各个传感器正常工作时采集到的家居数据，并对返回的数据进行处理换算和标记，再根据相应数据标记以控制报警操作是否执行，同时也会将采集的家居数据及提示信息显示在液晶屏上。

1. 获奖情况

作品"Wi-Fi 智能家居远程监控系统"荣获第十六届全国大学生嵌

入式人工智能设计大赛全国特等奖。

2. 作品实物

"Wi-Fi 智能家居远程监控系统"作品实物如图 8.4.1 所示。

图 8.4.1　"Wi-Fi 智能家居远程监控系统"作品实物

3. 作品简介

特等奖作品为"Wi-Fi 智能家居远程监控系统"（参赛队员：莫凡、韩丹、李倩倩、黄宁；指导老师：顾涵、夏金威）。该作品通过 Wi-Fi 连接网络后可以将采集的温湿度、有害气体浓度、PM$_{2.5}$等信息通过网络传输到远端的手机 App，并将读取的数据与阈值数据进行比较，如数据异常，系统会及时响应并报警。过程状态数据通过 LCD 显示屏全程显示。

4. 获奖证书

获奖证书如图 8.4.2 所示。

图 8.4.2　获奖证书

5. 团队合影

团队合影如图 8.4.3 所示。

图 8.4.3　团队合影

参考文献

[1] 杨志忠. 电子技术课程设计 [M]. 北京：机械工业出版社，2008.

[2] 盛法生. 电子技术课程设计：EDA 技术与应用 [M]. 杭州：浙江大学出版社，2011.

[3] 赵建华，雷志勇. 电子技术课程设计 [M]. 北京：中国电力出版社，2011.

[4] 杨力. 电子技术课程设计 [M]. 北京：中国电力出版社，2009.

[5] 刘贵栋，张玉军. 电工电子技术 Multisim 仿真实践 [M]. 哈尔滨：哈尔滨工业大学出版社，2013.

[6] 张莉萍，李洪芹，吴健珍，等. 电子技术课程设计实用教程 [M]. 北京：清华大学出版社，2014.

[7] 许维蓥，郑荣焕. Proteus 电子电路设计及仿真 [M]. 2 版. 北京：电子工业出版社，2014.

[8] 徐英鸽. 电工电子技术课程设计 [M]. 西安：西安电子科技大学出版社，2015.

[9] 顾江. 电子设计与制造实训教程 [M]. 西安：西安电子科技大学出版社，2016.

[10] 范瑜，徐健，钱斌，等. 电子信息类专业创新实践教程 [M]. 北京：科学出版社，2016.

[11] 陈明义. 电子技术课程设计实用教程 [M]. 3 版. 长沙：中南大学出版社，2010.